KB148942

푸드 플랜,

농업과 먹거리 문제의 대안 모색

이 저서는 2016년 대한민국 교육부와 한국연구재단의 지원을 받아 수행된 연구임
(NRF-2016S1A3A2924243)

울력 해선문고 04

푸드 플랜,

농업과 먹거리 문제의 대안 모색

윤병선 지음

울력

푸드 플랜, 농업과 먹거리 문제의 대안 모색 (울력 해선문고 04)

지은이 | 윤병선
펴낸이 | 강동호
펴낸곳 | 도서출판 울력
1판 1쇄 | 2020년 11월 20일
1판 2쇄 | 2024년 2월 29일
등록번호 | 제25100-2002-000004호(2002. 12. 03)
주소 | 08275 서울시 구로구 개봉로23가길 111, 108-402
전화 | 02-2614-4054
팩스 | 0502-500-4055
E-mail | ulyuck@naver.com
가격 | 15,000원

ISBN | 979-11-85136-58-5 03520

서문

이 책은 2015년에 집필한 『농업과 먹거리의 정치경제학』의 후속편의 성격을 갖는다. 『농업과 먹거리의 정치경제학』은 제1부 농업 문제의 기초 이론, 제2부 농업과 먹거리의 정치경제와 대안의 모색으로 구성되었고, 이 책은 제2부에서 소개되었던 대안의 모색을 중심으로 구성되어 있다. 『농업과 먹거리의 정치경제학』 제1부는 마르크스의 정치경제학에 기반을 둔 내용이었기 때문에 일반 독자들이 쉽게 이해하기에는 무리가 따를 수밖에 없었고, 제2부는 현대 농식품 체계와 연결된 대안 운동에 대해서도 서술했지만 제1부와의 연결 속에서 대안 운동을 서술하다 보니 운동의 당위를 중심으로 한 내용이 주를 이루었다.

그러다 보니 우리의 농업과 먹거리에 관심을 갖고 고민해 온 독자들에게 현대의 농업과 먹거리에 관한 보다 포괄적이면서 구체적인 내용과 고민을 대안 운동 속에서 풀어내지 못한 부분에 대한 아쉬움이 있었다. 특히 최근에는 농업과 먹거리와 관련한 사회적 의제들(농민권리 선언, 가족농의 해, 푸드 플랜 등)이 새롭게 나오는 현실에서 각각의 의제가 별개의 것이 아니라 서로 연결되어 있는 것이고, 그 지점들을 보다 많이 연결해서 실천할 수 있는 영역들을 제안한다면 우리의 농업과 먹거리 문제를 해결하기 위해서 노력해 온 분들이 격려를 받을 수도 있을 거라는 생각에서 이 책을 준비하게 되었다.

이 책에는 농업과 먹거리에 대한 문제의식을 갖고 있는 독자들이 대안 농식품 운동의 역사적 맥락을 바탕으로 그동안 전개되어 온 대안 농식품 운동의 내용과 한계 등을 성찰하고, 대안 농식품 운동의 통합적 전개를 위해서 고민해야 할 내용이 무엇인지를 담고자 노력했다. 현재 한국에서 농업 문제와 먹거리 문제의 연결 지점에 있는 푸드 플랜에 대한 논의가 많이 진행되고 있지만, 이를 현실의 문제를 해결하는 도구로 충분히 활용하지 못하는 안타까움도 이 책을 준비하게 된 배경 중의 하나였다.

생산주의 농정에 대한 비판적 성찰과 연결되어 있는 푸드 플랜이지만, 현장에서는 여전히 과거의 패러다임에서 벗어나지 못한 채 생산과 유통 중심의 푸드 플랜이 난무하고 있는 경우를 다수 확인할 수 있다. 대안적 가치의 확보라는 고민이 자리 잡기도 전에 행정적 편의나 관행적 질서가 압도하는 경우도 많다. 단기적 효율성이 우선시 되면 건강한 농식품 체계의 구축이라는 지속가능성은 결코 달성할 수 없다. 대안 농식품 운동이 단기적 효율성에서도 압도적 우위를 가지고 있다면 대안 운동의 영역이 아니었을 것이다. 필자가 한국 농식품 체계의 대안적 · 실천적 고민을 하면서 유기농업 운동, 생협 운동, 로컬푸드 운동, 공공 급식 운동 등을 중요한 대안 농식품 운동으로 생각하고 고민한 이유도 이 때문이다. 이 과정에서의 농민과 활동가들과의 교감은 무엇보다도 큰 자극이 되었다. 숱한 좌절에도 희망을 잃지 않고 현실을 극복하고자 노력하는 현장의 농민과 활동가들은 연구실이라는 울타리에 갇혀 있던 필자보다 고민이 훨씬 깊다는 것을 느끼게 한 경우가 많았고, 활자를 통해서 만나는 지구 곳곳의 활동가와 연구자들의 고민은 필자의 연구에 많은 도움이 되었다.

대안 운동들을 되짚어 보면 끊임없는 진화와 함께 또 다른 형태의 관행화 — 대안 운동의 출발점에 서 있던 문제의식이 운동이 진행되면서 출발 당시의 문제로 회귀하는 현상, 산업적 농업의 대안으로 출발했던 유기농업 운동이 산업적 유기농으로 변질되는 현상, 기업이 주도하는 먹거리 체계가 아닌 생산자와 소비자의 관계를 강화하고자 했던 생활협동조합 운동이 농민과 먹거리를 대상화하는 현상, 생산자(農)와 소비자(食) 사이의 사회적 · 심리적 · 물리적 거리를 축소하고자 했던 로컬푸드 운동이 단순한 유통 개선으로 축소되는 현상 등 — 도 나타나고 있다.

그러나 서로가 서 있는 지점은 다르더라도 각 지점들에서 이루어지고 있는 고민들의 상당 부분은 서로가 공유하고 배워야 할 부분들이 많다는 것이 우리에게는 희망이기도 하다. 농업 문제와 먹거리 문제를 별개의 차원에서 접근하는 것이 아니라, 하나의 일관된 맥락에서 파악한다면 많은 부분들에서 해결의 실마리가 나올 수 있을 것이다. 중요한 것은 대안 운동이 왜 관행화의 길을 걷게 되었는지에 대한 끊임없는 고민을 함께하는 것이고, 그 관행화로 들어섰다고 해서 대안 운동에 실망하는 것이 아니라 새로운 희망을 만들어 내는 출발의 기회로 삼는 용기라고 할 수 있다. 이런 점에서 푸드 플랜은 이를 엮어 내고 풀어내는 좋은 받침점과 근거지가 될 수 있을 것이다.

현장에서 일궈 낸 대안 농식품 운동이 없었다면 만들어질 수 없었던 이 책이 끊임없이 대안 농식품 체계를 고민하는 분들, 특히 농민과 시민 활동가, 행정가에게 작은 위로와 응원, 격려가 된다면 저자로서는 더 큰 영광이 없을 것이다. 끝으로 교정과 색인 작업을 도와준 대학원 박사과정의 이효희 씨와 이 책의 출판을 흔쾌히 맡아 주신 울력의 강동호 사장께 감사의 인사를 전한다.

2020. 10. 31.

저자

차례

서장

코로나19로 온 사회가 '일상'으로의 회귀를 꿈꾸고 있지만, 이러한 바람이 쉽게 현실이 될 것 같지는 않다. 코로나가 종식된 포스트 코로나(Post Corona) 시대가 아닌 코로나 일상(With Corona) 시대를 살게 될 것이라는 이야기도 나온다. 프랭크 스노든(Frank Snowden)이 "역병은 우리가 누구인지를 비춰주는 거울"이라고 했듯이, 코로나19도 우리가 사는 사회의 여러 부문에 걸친 재생산 시스템의 문제를 총체적으로 보여 주는 것이라 할 수 있다. 세계적 대유행의 근원은 생태계와의 조화를 전혀 고려하지 않는 투입-산출의 기계론적 환원주의와 이에 근거한 근대 과학기술 문명에 있다고 할 수 있다. 투입재의 확보 과정, 생산 과정, 이용 과정, 이용 후의 폐기 과정 등에서 발생하는 생태계 파괴 문제는 사적 자본의 입장에서는 고려의 대상이 되지 않았고, 이것이 자본주의 사회에서는 합리적 개인주의로 정당화되었다.

자본주의는 기본적으로 시장에 의존하는 구조이지만, 시장 경제의 장점이 발휘되기 위해서는 전제되어야 하는 조건들이 많은데, 이 전제 조건들이 완벽하게 충족되는 경우는 거의 없다. 시장 실패로 지칭되는 불완전한 시장을 바로잡는 체계가 제대로 작동할 수 있는가의 여부가 사회의 안정과 직결된다는 점이 코로나19의 대응 과정에서 확인된 사항이라고 할 수 있다. 특히 공공성이 강한 부문은 시장에 의존하는 방식으로는 자원 배분이 효과적으로 이루어질 수 없기에 공적 개입이 필요하다.

자본주의 사회에서 특히 농업은 생산과정에서 발생하는 사회경제적 영향을 시장 내부 행위자들의 것으로 만드는 것이 어렵다는 특징을 가지고 있다. 생산과정에서 발생하는 긍정적인 외부 효과를 생산 농민이 응당 가져가는 것이 어렵고, 부정적 외부 효과를 발생시키더라도 이에 대한 제한이 시장을 통해서 작동하는 구조가 아니다. 먹거리가 일상생활에서 가지고 있는 중요성에 상응해서 생산 농민에게 대가가 지불되는 구조도 아니다. 시장이 주도하는 먹거리 체계가 가져온 폐해에 대해서는 일찍이 식량주권 운동 등을 통해서 명확하게 드러났으며, 그 운동적 성과는 유엔의 농민권리 선언, FAO의 가족농의 해(2014), 가족농의 해 10년(2019~2028) 등으로 가시화되었다. 그러나 이러한 일련의 희망적인 흐름에도 불구하고 거대기업에 의해서 주도되는 농식품 체계, 산업적 농업의 논리가 지배하는 농식품 체계를 일거에 지속가능한 농식품 체계, 농민과 소비자가 주도하는 농식품 체계로 전환되는 것을 기대하기는 어렵다. 자본의 운동이 객관적 경제법칙으로 작동하는 세계에 맞서는 일은 객관적 여건과 주체적 역량에 의해서 그 성과가 달리 나올 수밖에 없기 때문이다. 그럼에도 불구하고 자본의 논리는 항상 농민 중심의 농업을 옭아매지만, 그 자본의 논리는 합리적인 농업을 불가능하게 하는 불합리한 논리이기 때문에, 생명을 파괴하는 자본의 논리에 대항하는 농민의 논리, 생태의 논리, 순환의 논리도 함께 축적되었고, 이것이 대안 농식품 운동으로 전개되어 왔기에 우리에게 희망이 없는 것은 아니다.

저자가 푸드 플랜을 주요 화두와 연결해서 책을 집필하게 된 것도 이런 이유에서이다. 우리말로 '먹거리 전략'으로 번역될 수 있는 푸드 플랜이라는 말이 최근 우리 사회에서 회자되고 있는 이유는 다양하게 해석할 수 있을 것이다. 그 이유와 관계없이 먹거리 문제의 근원적인 해결을 위해 지역을 매개로 우리의 농업과 연결을 보다 공고히 하고, 이를 통해 먹거리 문제와 농업 문제를 통합적으로 해결할 수 있는 단초를 마련하는 계기로 삼아야 하는 것은 분명하다. 그리고 무엇보다 푸드 플랜이라는 단어 속에는 먹거리 문제가 개인이 책임지는 개인적 선택의 문제가 아니라, 사회적으로 함께 풀어야 할 문제라는 인식을 명확히 하고 있다는 면에서도 긍정적으로 판단된다. 먹거리의 안전을 확보하기 위해서 보다 체계화된 관리 감독이 필요하다는 취지에서 푸드 플랜에 관심이 높아졌다고 하더라도 그 내용과 지향이 단순히 안전에만 머무르는 우를 범하지 않기 위해서도 우리가 관심을 가질 필요가 있다. 또한, 친환경 무상 급식으로 시작한 학교급식을 이제는 그 외연을 넓혀서 공공 급식의 영역까지 확산하고자 하는 취지에서 푸드 플랜에 대한 관심이 높아졌을 수도 있을 것이다.

푸드 플랜이 푸드, 즉 먹거리에 방점이 찍혀 소비에 관심이 집중된다면, 그 푸드 플랜은 매우 불완전할 수밖에 없다. 비록 용어는 푸드로 지칭되지만, 보다 포괄적으로 먹거리를(먹거리는 온 우주를 담고 있다는 사고에서), 푸드 플랜을 고민하는 것이 필요하다. 먹거리는 다양한 주체들이 서로 관계를 맺으면서 만들어 낸 결과물이면서 한 사회의 지속가능성을 담보하는 중요한 역할을 하기 때문에, 푸드 플랜은 먹거리의 생산, 유통, 가공, 소비, 폐기에 이르는 전 과정을 분절적이 아닌, 상호 의존적으로 통합적으로 고민해야 할 것이다.

다행히 우리 사회에는 먹거리 문제를 농(農)과 결합하여 많은 고민을 해 왔다. 가장 대표적으로는 유기농업을 비롯한 친환경 농업이 있고, 밥상의 문제를 농민과 함께 해결하려는 생협 운동이 있고, 먹거리의 문제를 지역의 농업 문제와 함께 풀어내려는 로컬푸드 운동이 있고, 아이들의 먹거리 문제를 고민한 학교급식 운동이 있다. 따라서 푸드 플랜은 이러한 다양한 주체들에 의해서 다양하게 진행된 대안 운동들이 하나로 묶이는 형태로 얼개가 만들어져야 할 것이다.

그러나 한편으로 이러한 대안 운동들이 확산되고 제도화가 이루어지면서 본래의 지향점을 놓치는 안타까운 현상도 나타났다. 유기농업이 진정으로 성취하고자 했던 지향점은 분명 존재함에도 불구하고, 관행 농업의 대안으로서의 유기농업이 지향했던 지점들이 제대로 이루어지고 있는지에 대해서는 공감하기 어려운 측면이 존재한다. 순환의 과정을 고민하고, 그래서 지속가능한 농업을 어떻게 확보할 것인가에 대한 고민보다는 투입재 중심, 안전 중심, 인증 중심의 체계가 되면서 농업의 주체로 서고자 했던 많은 농민들은 여전히 대상화되고, 그 생산물은 안전한 농산물이라는 틀에 갇혀 그 사회적, 생태적 의미가 상당 부분 훼손되었다. 소비자생활협동조합 운동도 안타까운 지점이 있기는 마찬가지다. 한국의 생협 운동은 다른 나라의 소비자생활협동조합 운동과는 다른 경로를 거쳐서 태동하고 발전해 온 특징이 있다. 노동자들이 전근대적인 상업자본, 즉 상인자본에 맞서서 자신들의 이익을 지키려고 출발한 서구 지역의 생협 운동과는 달리 도시의 소비자들이 우리의 농민과 농업에 대한 지원군이기를 자처하면서 출발한 것이 80년대 이후 활발하게 진행된 한국 생협 운동이 갖는 특징이었다. 그러나 현재는 생산 농민과 소비자 조합원, 생협 조직이 삼위일체가 되어 농업과 먹거리의 문제를 조화롭게 고민하는 모습이나 상호에 대한 배려보다는 경제적 이해관계로 인한 갈등이 표면화되고 힘의 균형이 무너지면서, 호혜의 관계도 훼손되고 있다.

로컬푸드 운동도 마찬가지다. 관계를 매개로 한 농업과 먹거리의 연결 고리를 지역이라는 물리적 지형을 진시로 활용하여 대안적 먹거리 체계를 만들기 위한 노력이 로컬푸드 운동이지만, 그 물리적 지형에 매몰되어 진정한 관계 시장을 만들어 내지 못하고, 로컬푸드를 통해서 실현하고자 했던 가치에 대한 고민이 부족한 채로 물품 구색 맞추기에만 몰두하는 경우는 말할 것도 없고, 로컬푸드 운동을 통해서 실현하고자 했던 상생과 돌봄의 가치 대신 서로 반목하는 경우도 있다. 친환경 학교급식의 경우에도 친환경 식재료의 공급이라는 부분에 머물러서 학교급식을 바탕으로 실천해 낼 수 있는 다양한 가치들이 제대로 발현되지 못하는 현실을 보게 된다.

이러한 일이 발생한 것은 사회 자체가 살아 있는 생명체이고, 운동의 과정 또한 단선적이지도 기계적이기도 않기 때문이다. 현실에 대한 대응으로서의 운동이 현실의 변화를 이끌어 냄으로써 나름의 목적을 달성하기도 하지만, 그 과정에서 운동 자체도 변화되는 과정을 겪는 것이 일반적이다. 일례로 유기농업의 관행화가 나타났다고 해서 유기농업의 가치를 포기할 수 없고, 우리는 또 다른 형태의 실천을 모색해야 하고, 또 다른 가능성을 찾아 나서야 한다. 마르크스가 강조했던 '긍정 속의 부정'과 '부정 속의 긍정'이 실천과 연구의 현장에 고민으로 녹아들어야 한다.

이 책은 제1부 식량주권과 농민권리, 제2부 한국의 대안 농식품 운동과 푸드 플랜으로 구성되어 있다. 제1부에서는 현대의 세계 농식품 체계의 특징을 살펴보면서 식량주권 운동이 갖는 의미와 그 성과를 정리하고, 식량주권 운동이 유엔의 농민권리 선언 채택으로 이어지기까지의 과정을 살펴봄으로써 대안 농식품 운동의 나아갈 방향을 푸드 플랜과 연결지어 정리하였다. 제2부에서는 한국의 농업 현실에 대응한 대안 농식품 운동의 의제별 궤적을 살펴보고, 그동안 이룩한 대안 농식품 운동이 통합적인 푸드 플랜으로 연결되어야 하는 당위성과 실천적 과제를 정리하였다. 이러한 고민은 새롭게 부각되고 있는 기후 위기에 대한 대안 운동으로서도 의미가 있을 것이다.

제1부

식량주권과 농민권리

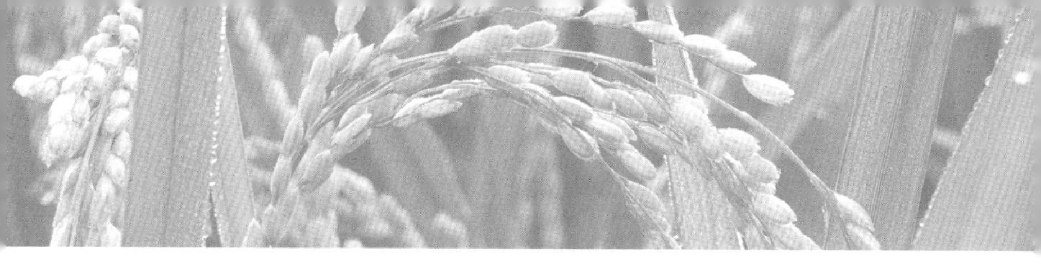

1. 누가 농업과 먹거리를 지배하는가?

먹거리가 많이 생산된다고는 하지만, 먹거리의 부족으로 고통에 시달리는 사람이 더 많아지는 이 불합리함을 어떻게 설명할 수 있을까? 그리고 한편에서는 먹거리를 제대로 소비하지 못해 고통 받는 사람이 증가하고 있는데, 다른 한편에서는 먹거리를 생산하는 많은 농민들이 몰락하고 있는 이 딜레마를 어떻게 설명할 수 있을까? 많은 사람들이 건강하고 신뢰할 수 있는 먹거리에 목말라하고 있음에도 먹거리에 대한 불신이 갈수록 커지고 있는 사태를 어떻게 설명할 수 있을까?

이 장에서는 자본주의가 성립되면서 나타난 농업과 먹거리의 괴리가 심화되는 과정에서 출발해서 현대의 농식품 체계의 형성과 그 문제들에 대하여 살펴본다.

❶ 시장이 삼켜 버린 먹거리와 농업

현재 우리는 역사상 그 어느 때보다 풍요로운 먹거리 시대를 살고 있다. 지금 지구에서 생산되고 있는 먹거리의 양은 그 어느 시대보다 많다. 현재 지구에서 살고 있는 사람의 수도 그 어느 시대보다 많지만, 개인들이 소비할 수 있는 먹거리의 양도 그 어느 시대보다 많다. 그런데 사람들이 소비할 수 있는 먹거리의 양이 많아졌다고 해서 먹거리로 인한 고민이 없어진 것은 결코 아니다. 그 어느 때보다 풍부한 먹거리 시대라고 하지만, 먹거리의 부족으로 고통 받고 있는 사람은 10억 명에 달하고, 이 숫자 또한 그 어느 시대에도 도달하지 못한 숫자다. 기아선상에서는 벗어났다 하더라도 삼시 세끼를 온전하게 해결하지 못하는 사람은 부지기수에 이른다.

인류가 수렵과 채취에 의존하는 생존 방식에서 벗어난 이후 농업 생산에서 수없이 많은 변화가 있었다. 2~3천 년 전에는 아시아의 계곡과 삼각주에서 물을 이용한 쌀의 재배가 발전했고, 11세기 이후 유럽에서는 축력에 기반을 둔 농경이 출현했다. 그리고 오랜 기간 동안 농업생산력의 발전을 바탕으로 농산물을 원료로 이용해서 가공하는 공업이 존립할 수 있는 근거가 마련되었다. 인류 최초로 자본주의 경제가 성립될 수 있도록 한 물적 토대인 '산업혁명'도 농업생산력의 비약적인 발전 과정인 '농업혁명'이 있었기에 가능했다. 그리고 산업혁명 이후 공업이 지배하는 사회가 되면서 농업에서도 큰 변화가 일어났다. 공업이 농업으로부터 분리되면서 도시와 농촌의 분리가 이루어졌고, 농촌에서 생산한 먹거리는 시장을 통해서 도시에 공급되기 시작했다. 그리고 공업 부분에서 생산된 농자재가 농업 생산에서 필수적인 요소로 점차 자리를 잡게 되었다. 자본주의 사회 이전에도 시장은 존재하긴 했지만, 생산에서 소비에 이르는 과정이 지역을 기반으로 한 순환의 고리에서 이루어졌다. 농업의 경우, 지난해의 수확물이 올해의 종자가 되었고, 올해에 만든 거름이 내년의 밑거름으로 사용되었다. 소비하고 남는 여유분은 시장에서 다른 생산물과 교환했다. 공업의 경우에도 지역에서 생산된 원료를 바탕으로 가공하는 것이 일반적이었지만, 자본주의 사회로 접어들면서 시장에 내다 팔기 위한 생산, 즉 상품생산이 지배적인 사회로 되었다.

자본주의 사회가 되면서 사용하기 위해 생산하는 것이 아니라, 팔기 위해 생산하는 시스템이 되었다. 더 많이 팔기 위해서 생산은 더 많은 투입재가 필요하게 되었다. 그러다 보니 생산에 필요한 투입재를 내부의 순환 체계에서 얻는 것만으로는 불가능하게 되었고, 그 투입재를 구입하기 위한 자금을 마련하기 위해서 더 많이 생산하지 않으면 안 되었고, 이로 인해서 시장에서의 경쟁은 더욱 치열해졌다. 생산 농민들 사이의 경쟁이 치열해졌다고 해서 소비자들에게 그 혜택이 돌아간 것은 아니다. 왜냐하면 시장이 생산자와 소비자만 존재하는 단순한 구조가 아니기 때문이다. 투입재를 생산하는 기업, 생산물을 유통하는 기업, 생산물을 가공하는 기업은 생산 농민과 소비자 양쪽을 압박했다.

자본주의 사회가 되면서 농(農)과 식(食)의 관계는 분절적으로 되었고, 이 분절로 인해 만들어진 틈을 자본은 자신들의 이윤을 얻기 위한 사업 영역으로 확대해 갔다. 이들에 의해서 만들어진 농식품 체계는 순환의 체계, 상생의 체계가 아니라 단절과 경쟁의 체계이다. 단절과 경쟁으로 달성되었다고 이야기되는 효율이라는 것도 이윤의 관점, 화폐의 관점, 단기적 관점에서의 평가이지, 사람의 관점, 순환의 관점, 장기적 관점에서의 효율은 아니다. 자본주의 사회의 시장 관계 내에서 사람, 순환, 상생 등의 가치를 강요하는 것은 어렵다. 특히 기업의 입장에서는, 이윤의 입장에서는, 효율의 관점에서는 더욱 그렇다. 자본주의 사회는 화폐적 관계가 모든 것을 압도하는 이데올로기가 지배하는 사회이기 때문이다.

이러한 과정에서 농업 생산은 소량 생산에 입각한 복합영농에서 단작화로 바뀌었다. 그 결과는 농업의 화학화, 기계화였고, 이로 인해 순환의 체계 속에서 이루어졌던 농업 생산은 단절적인 관계로 들어가게 되었다. 그래서 농업은 먹거리의 생산이라는 특성만 그대로 유지되었을 뿐 생산의 전 과정이 자본의 지배를 받게 되었다. 농민은 영농에 필요한 농기계나 비료, 농약 등을 시장에서 구입하게 되었고, 농자재의 외부 의존

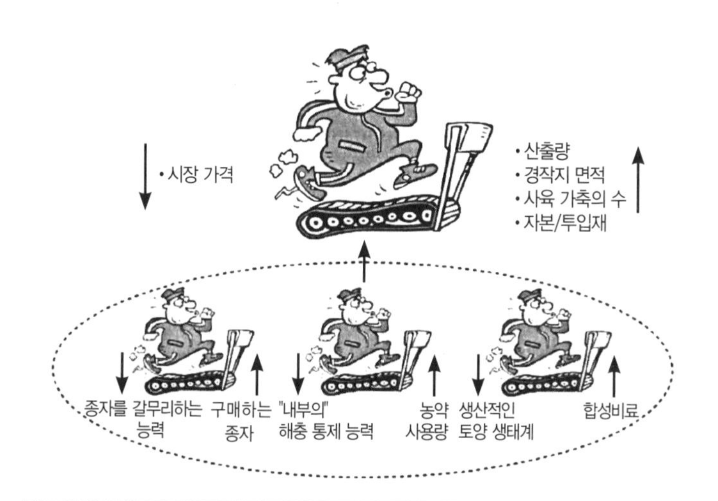

농업의 악순환(agricultural treadmill)

- 농가는 수확 증대로 인한 소득의 증가를 목적으로 새로운 기술을 도입하지만 실제로 혜택을 보는 농가는 초기에 신기술을 도입한 소수 농가에 불과하고 그 외에 대부분 농가는 과잉생산으로 인해 소득의 증가를 얻을 수 없음.
- 농산물 가격의 하락과 기술 도입으로 인한 투입재의 증가로 인해 농가는 더욱 큰 경제적 압박을 받으며, 신기술을 도입하기 힘든 소규모 농가, 고령 농가 등은 시장에서 도태됨.

자료: 마이클 캐롤란, 김철규 외 역, 『먹거리와 농업의 사회학』

심화는 농업경영비의 증가를 가져왔고, 농업경영비의 증가로 인한 농업경제의 악화는 더 많은 생산을 강요했다. 이는 시장에서의 격심한 경쟁을 유발했고, 경쟁에서 살아남기 위해서는 농자재에 대한 외부 의존이 심화되는 악순환이 반복되는 상황이 되었다. 또한 그것이 농산물 가격의 하락으로 이어졌다(농업의 악순환).

❷ 현대 농식품 체계의 특징

직접적인 이윤의 획득을 목적으로 고용된 노동자들에 의해서 생산되는 것이 대부분인 공업과는 다르게, 농업 생산은 여전히 자신들의 생계 또는 소득을 목적으로 농민들에 의해서 주도되고 있다는 특징을 갖고 있지만, 생산이나 유통 과정에서 농기계나 비료, 농약을 생산하거나 농산물의 유통을 담당하는 농기업들의 활동 영역은 넓어졌고, 이들 농기업들은 농민들에 대한 지배력을 확대해 갔다. 이에 따라 현대의 농업과 먹거리(agriculture and food, 이하 농식품agri-food) 체계는 농업 투입 자재의 생산자로부터 농산물의 소매업자까지, 또한 생산 농민으로부터 소비자에 이르는 모든 것을 포함하는 고도로 통합된 시스템으로 변화되었다. 그리고 이것은 농업 생산의 전 과정이 자본에 의해서 분절되는 과정이기도 했다. 대다수의 농민들조차 농식품의 소비자로 되고, 자신이 소비하는 농식품들이 세계 어디에서 어떻게 만들어지는지 거의 알지 못하게 되었다. 농민으로부터 소비자에 이르는 모든 참여자들이 국경을 초월하여 서로 연결된 현대의 농식품 체계는 서로 다른 행동 규칙을 갖는 다양한 부문으로 나눠지면서도, 국경을 초월하여 통합된 농식품 체계, 즉 지구적 농식품 체계(global agri-food system)로 되었다.

이러한 과정은 제2차 세계대전 이후 다수확품종의 개발과 확산을 통틀어서 일컫는 '녹색혁명'에 의해서 심화되었다. 녹색혁명에 기반을 둔 영농 체계는 농업을 시장에 더욱 의존하게 만들었다. 많은 농자재를 시장에 의존해야 하는 상황에서 농업 생산은 자급적 성격에서 벗어나서 상업적 생산이 강화되었다. 농자재의 외부 의존 심화는 농업경영비의 증가를 가져왔고, 농업경영비의 증가로 인한 농업경제의 악화는 더 많은 생산을 강요했다. 이런 과정에서 농기계나 비료, 농약을 생산하거나 농산물의 유통을 담당하는 농기업들의 활동 영역은 넓어졌고, 이들 농기업들은 농민들에 대한 지배력을 확대해 갔다.

녹색혁명(Green Revolution)

1940년대 초에 록펠러(Rockfeller) 재단과 멕시코 농림부가 추진한 옥수수 재배 프로젝트에서 시작되었고, 그 이후 국제미작연구소(IRRI: International Rice Research Institute)에 의해서 다수확 벼가 개발되면서 본격화되었다. 녹색혁명은 쌀, 소맥, 옥수수 등 3대 작물의 다수확품종, 관개, 화학비료와 농약, 그리고 이들을 결합하는 관리 기술을 구성 요소로 하는 일련의 기술 체계의 개발과 보급이라고 할 수 있다. 녹색혁명은 토착 종자 대신 화학비료와 농약에 의존하는 다수확 종자를 사용하도록 하는 대규모 캠페인으로 수확량의 증가는 가져왔으나, 유전적 다양성의 상실, 토양 수질 오염의 증가, 생산비용 상승에 따른 경영 압박 등의 문제를 야기하였다.

농식품 체계와 먹거리 체계

농식품 체계(agri-food system)란 먹거리가 생산, 가공, 유통(분배), 소비(조리), 재활용, 폐기에 이르는 일련의 총합적, 포괄적 과정과 틀을 말한다.

시장 중심의 먹거리 체계가 광역화 · 지구화 되면서 먹거리의 생산(農)과 소비(食) 사이의 시간적 · 공간적 · 사회적 · 순환적 · 심리적 관계성은 더욱 약화되었고, 이로 인해 다양한 문제들(사회적, 경제적, 문화적, 환경적 문제 등)이 발생하게 되었다. '먹거리 체계'에 대한 논의는 이들 문제의 발생 원인과 이의 해결을 위한 대안 모색이라는 문제의식에서 촉발되었다. 따라서 먹거리 체계를 이해하는 데 있어서 중요한 것은 각각의 지점과 과정을 분절적으로 파악하는 것이 아니라, 서로가 서로를 전제하는 복합적 단일 체계로 파악해야 한다는 점이다.

먹거리 체계(food system)라는 용어는 농식품 체계와는 달리 농(農, agriculture)이라는 부분이 생략되어 있지만, 농과 절연된 상태로 먹거리(food)를 분석하고자 하는 것은 아니다. 먹거리 체계라는 용어도 농과의 연결 속에서 현재의 먹거리 문제를 체계적으로(systematically) 파악하려는 문제의식에서 나온 개념이므로 농식품(agri-food)이라는 용어와 차별성을 갖고 사용되는 개념은 아니다.

❸ 현대 농식품 체계의 형성과 녹색혁명형 농업

제2차 세계대전 이후의 세계 농식품 체계는 미국의 패권 유지(Pax Americana)를 위한 미국식 '개발주의(development project)' 및 미국식 자본주의의 전파를 통해 재구조화되었다고 할 수 있다. 19세기 영국은 자유무역을 통한 농산물의 조달이라는 외향적인 개발 모델을 추진했던 반면, 20세기에 미국은 제조업과 농업 부문의 국내적 통합에 기초를 둔 새로운 개발 모델을 추진했다. 미국식 모델의 제3세계로의 전파를 위해 잉여농산물의 원조가 이루어졌으며, 이를 통해 제3세계 국가들은 값싼 식량-값싼 노동력을 통한 미국식 경제 발전의 경로를 밟았고, 이는 식량에서 미국에 대한 장기적 의존으로 귀결되었다.

세계 농식품 체계가 미국을 중심으로 재편된 계기는 제2차 세계대전 이후 미국이 농산물 원조를 지렛대로 유럽과 동아시아 지역을 재편하면서 시작되었다고 할 수 있다. 미국은 1930년대 대공황을 계기로 누적되어 온 잉여농산물을 해외 원조라는 메커니즘을 통하여 해소했는데, 이 식량 원조는 거대 곡물 상사와 식품 가공 대기업(예를 들면, 곡물 제분 회사)을 비롯한 농업 관련 기업이 해외에서 활동할 수 있는 여건을 형성하는 데 결정적으로 기여했다. 잉여농산물의 대외 원조를 법률적으로 체계화 한 미국의 PL 480호(Public Law 480)는 잉여농산물 원조의 본질을 잘 드러낸다. 농산물무역촉진원조법(Agricultural Trade Development Assistance Law)이라는 명칭을 갖고 있던 PL 480호에 근거하여, 당시 식량 원조 업무는 카길(Cargill)과 같은 거대 곡물 상사를 통해서 이루어졌다. 개발도상국의 식량문제를 해결하기 위한 식량 원조였지만, 이는 미국 내 농업 원조였고, 거대 곡물 상사의 성장 정책이었다. 실제로 미국의 잉여농산물 원조 정책은 그린 파워(green power, 식량의 무기화) 전략으로 연결되었다.

1970년대 들어서면서 미국은 세계적 패권 유지를 위한 (특히 베트남전의 수행) 비용 상승으로 인해 막대한 국제수지 적자를 감당해야만 하는 상황에서 잉여농산물의 관리 수단으로 사용했던 농산물 원조 정책을 상업적 수출 정책으로 전환하는 '그린 파워' 전략을 택했다. 즉, 미국은 국제수지 적자라는 국내 현실을 극복하기 위해서 1970년대 초의 식량 위기로 촉발된 곡물 가격 상승이라는 외부적 여건을 이용하면서 농산물의 상업 수출을 확대하는 방법을 모색하게 되었다. 농산물의 상업적 수출 확대를 위한 미국 정부의 적극적인 정책(예를 들면, 수출 상대국에 대한 강력한 개방 요구와 농산물에 대한 보조·융자 등의 수출 조성 조치)은 거대 곡물 상사의 해외 활동을 지탱해 주는 수단으로 이용되었다.

제2차 세계대전 이후의 세계 농식품 체계가 미국 주도로

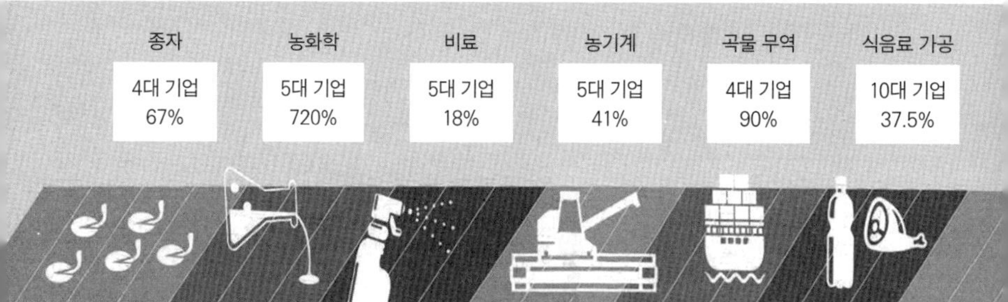

그림 1-1. 농식품 부문에서 상위 기업의 시장점유율(세계)
자료: ETC Group

이루어지는 과정은 다른 한편에서는 미국식 발전 모델의 확산 과정이기도 하다. 1960년대부터 70년대에 걸친 녹색혁명을 지렛대로 한 미국 등 선진국 정부와 세계은행(IBRD: International Bank for Reconstruction and Development) 등 국제기구가 추진한 개발도상국에 대한 농업 개발원조는 거대 농기업의 농업 지배를 강화하는 데 결정적 역할을 수행했다.

녹색혁명은 1943년 멕시코 농림부와 록펠러 재단이 주도한 옥수수 재배 프로젝트에서 시작되었다고 할 수 있는데, 그 후 국제미작연구소(IRRI: International Rice Research Institute)에 의해 IR-8과 같은 다수확 벼가 개발되면서 본격화되었다. 이 녹색혁명은 쌀, 소맥, 옥수수 등 3대 작물의 다수확 개량 품종, 관개, 화학비료와 농약, 그리고 이들을 결합하는 관리 기술을 구성 요소로 하는 일련의 기술 체계의 개발과 보급이라고 할 수 있다. 녹색혁명은 화학비료와 농약에 의존하면서 다수의 토착 곡물을 소수의 고수확 작물로 대체하도록 제3세계의 농민들을 설득한 대규모 캠페인이었다. 녹색혁명으로 인한 생산량 증가라는 성과는 많은 희생을 강요했다. 예를 들면, 고수확 품종의 보급에 따른 유전적 다양성의 상실, 화학비료나 농약의 다투입에 의한 토양오염과 표토 유실, 수질오염 등의 환경문제, 생산비용의 상승에 따른 경영 압박, 기술 보급의 격차에 따른 지역 간 · 계층 간 양극화와 이에 따른 사회경제적 문제 등으로 말미암아 녹색혁명은 시간이 흐름에 따라 지속가능한 것이 아니라는 사실이 밝혀지게 되었다.

아시아에서 다수확품종 벼를 근간으로 전개된 녹색혁명의 경우도 예외가 아니다. 각 지역에서 비약적인 생산의 확대를 가져온 것은 사실이지만, 관개시설, 건설자재 등의 투입을 불가피하게 함으로써 농업 자재 시장 개척을 겨냥한 다국적 농업 관련 기업의 지배를 강화하였다. 이를 계기로 농민 간의 경쟁이 격화되어 다수의 중소 농민의 탈농과 이농이 강제되었고, 전통적인 공동체성이 파괴된 농업은 자본주의적 시장경제에 급속히 편입되었다. 이 과정에서 곡물 무역을 중심으로 활동했던 곡물 메이저들은 먹거리와 관련된 다양한 분야에서 초국적 농기업으로 변모하게 되었다.

국경을 초월해 활동하는 이들 초국적 농기업들은 종자 · 비료 · 농약 등의 농자재에서부터 먹거리의 유통 · 가공에 이르기까지 먹거리와 관련된 거의 모든 영역에서 활동하면서 자신들의 지배력을 강화하고 있기 때문에 '초국적 농식품 복합체'라고 한다.

초국적 농식품 복합체(transnational agri-food conglomerate)
먹거리의 생산, 가공, 유통 등과 관련된 부분에서 국경을 넘어서 활동하는 초국적 농기업들은 하나의 영역이 아닌 관련된 다양한 영역에서 활동하는 특징을 갖고 있기에 초국적 농식품 복합체라고 한다. 가장 대표적인 초국적 농식품 복합체라고 할 수 있는 카길(Cargill)의 경우, 대두 · 옥수수 · 밀 · 설탕 등의 유통뿐만 아니라, 농업 투입재인 비료의 생산에서부터 곡물 가공과 사료 생산, 도축, 심지어 보관, 운송, 해외 수출, 보험을 비롯한 금융 서비스업에 이르기까지 농업과 먹거리와 관련된 여러 분야에 개입하고 있다. 카길을 비롯한 초국적 농식품 복합체는 정부의 농업 정책 결정 과정에도 깊숙이 개입하여 자신들의 이익을 관철하기도 한다. 카길과 함께 ADM, Bunge, Louis Dreyfus 등 4개 복합체가 국제 곡물 시장을 움직인다는 의미에서 '곡물 메이저 ABCD'라고도 한다.

❹ 먹거리와 신자유주의의 아이콘—GMO

1980년대 이전만 하더라도 공산품의 자유무역이 꾸준히 증가되는 속에서도 농산물의 교역은 보호의 영역에 묶여 있었다. 그 이유는 농업의 다기능성(농업 생산은 단지 먹거리를 공급하는 역할만을 수행하는 것이 아니라, 사회경제적 · 생태적으로 다양한 역할과 기능을 수행한다), 비교역적 성격(농업 생산이 사회적으로 제공하는 역할은 매우 크지만, 농업 생산자에게 몫으로 지불되는 것은 농산물의 직접적인 소비에 대한 대가에 불과하다. 즉, 농업이 수행하는 기능은 매우 광범하지만 이에 대한 화폐적 평가는 미흡하므로, 이를 시장에 맡길 경우 농업 생산은 사회적으로 바람직스러운 수준보다 낮은 수준에서 이루어져서 사회적, 생태적인 여러 문제가 발생한다)에 대한 국제사회의 공감대가 워낙 강고했고, 거의 모든 자본주의 국가는 농산물에 대한 보호무역 정책을 취해 왔다. 그러나 1980년대에 들어서면서 농산물의 보호무역 정책은 크게 약화되기 시작했다.

1986년부터 1994년까지 진행된 GATT 제8차 다자간 협상인 우루과이라운드(Uruguay Round)를 계기로 농화학 기업들은 농업을 완벽하게 지배할 수 있는 힘을 얻게 되었다. 특히 1986년부터 진행된 우루과이라운드의 '무역관련지적소유권

(TRIPs: Trade Related Intellectual Properties) 협정'은 이른바 '바이오 메이저'들이 농업을 종자부터 완벽하게 지배할 수 있는 계기를 제공해 주었다. 우루과이라운드는 농산물 무역자유화와 함께 종자 관련 특허권 보호를 중심 의제로 채택했는데, '자유화'라는 틀 속에서 진행되었던 협상이었지만, 자본에 대한 이윤의 '보호'가 그 핵심이었던 것이다. 20년 동안 독점을 보장해 주는 특허는 종자 기업의 시장 지배력을 강화하는 중요한 요소이다. 녹색혁명형 농업에 의해서 확산된 다수확 종자, 즉 교잡종의 열매를 다시 심으면 전 세대와 동일한 수확량을 기대할 수 없기 때문에, 농민들은 해마다 새로운 종자를 구입할 수밖에 없게 되었다. 이처럼 TRIPs로 인해서 종자에 대한 권리를 종자 기업이 온전하게 소유하게 된 것이다. 특허는 가격 결정권을 종자 기업에게 일방적으로 부여하기 때문에, 농민에 대한 종자 기업의 지배력이 높아질 수밖에 없다. 과거에는 살아 있는 생명체에 대한 특허는 인정되지 않았지만, 살아 있는 생명체에 대한 재산권을 인정했다는 점에서 인류 공동의 유산, 즉 자유롭게 이용 가능한 공적 재화로서 남아 있어야 했던 종자가 농민에 의한 재생산 과정에서 분리되어 종자 업체의 지배하에 들어가게 된 것이다.

이러한 과정에서 종자 업체 간의 인수·합병이 치열하게 전개되었고, 이로 인해 종자 시장의 집중도는 급속도로 높아졌다. 1995년에 24%에 불과했던 상위 10대 기업 점유율이 2010년에는 70%를 넘어섰다. 최근에는 Monsanto와 Bayer,

Dupont과 Dow Chemical, Syngenta와 ChemChina 사이의 인수 합병이 완료되었거나 진행되면서 종자 시장의 독과점화는 더욱 강화되고 있는 상황이다. Monsanto와 Bayer의 합병 후 새로운 이름으로 등장한 Bayer Crop Science는 종자 시장의 33%(2017년 기준)를 장악하고 있으며, 이어서 Corteva Agriscience(Dupont과 Dow의 합병 후 명칭, '중심'을 뜻하는 'Cor'와 '지구'를 의미하는 'teva'의 합성어), ChemChina/Syngenta 등 상위 6대 기업의 시장점유율이 70%를 넘고 있다.

1996년부터 GM(Genetically Modified, 유전자 조작) 작물의 상업적 재배가 가능하게 된 이후에 2016년 현재 전 세계 26개국에서 GM 작물이 재배되고 있다. 미국, 브라질, 아르헨티나, 캐나다, 인도 등 5개국이 전체 GM 작물 경작면적에서 차지하는 비중은 91%에 달할 정도로 이들 나라에 생산이 집중되

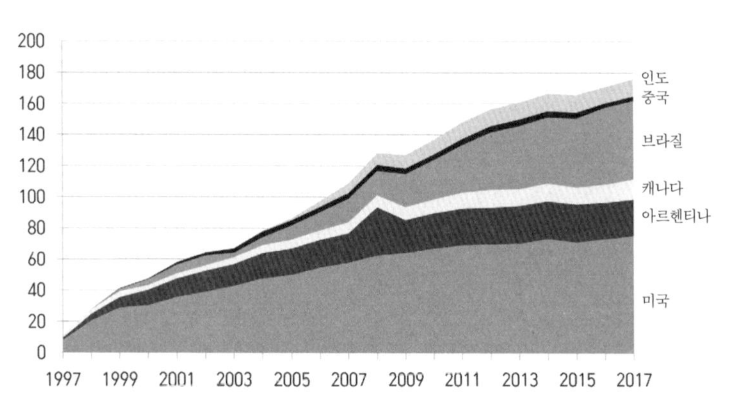

그림 1-2. GM 작물의 국가별 재배 면적 추이(단위: 100만ha)
자료: 한국바이오안전성정보센터

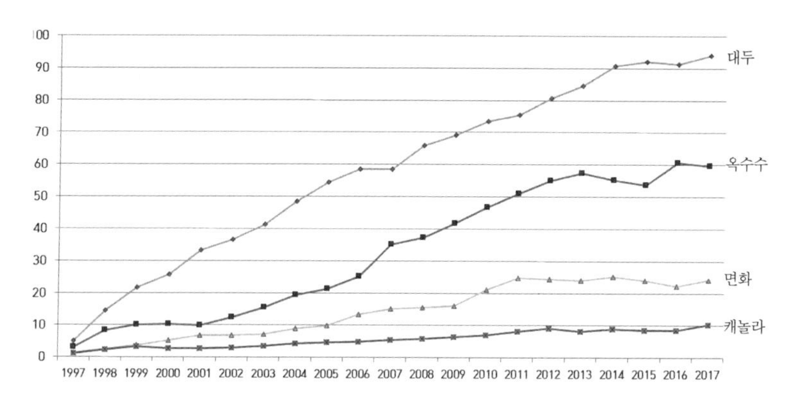

그림 1-3. GM 작물별 재배 면적 추이(단위: 100만ha)
자료: 한국바이오안전성정보센터

어 있다. 특히 미국의 경우 전체 재배 면적에서 GM 작물 재배 면적이 차지하는 비중을 품목별로 보면, 옥수수는 92%, 콩은 94.3%, 사탕무 100%에 이른다. 브라질의 경우에도 GM 콩의 재배 비율이 96.5%에 이르고, 아르헨티나는 100% GM 콩만을 재배하고 있다.

형질별 GM 작물 재배 면적 비율을 보면, 제초제 내성이 47%, 해충 저항성이 12%, 복합 형질이 41%로 최근까지 증가 추세를 보이던 제초제 내성 GM 작물의 비중이 줄어들고, 대신 복합 형질 GM 작물의 비중이 늘어나고 있다. 제초제 내성 GM 작물의 비중이 줄어든 이유는 WHO에서 제초제의 주성분인 글리포세이트(Glyphosate)를 발암물질로 발표한 것도 작용했지만, GM 작물이 제초제의 사용을 전제로 하면서 종자와 제초제를 한 묶음으로 파는 것에 대한 비난이 쏟아지자 그 우

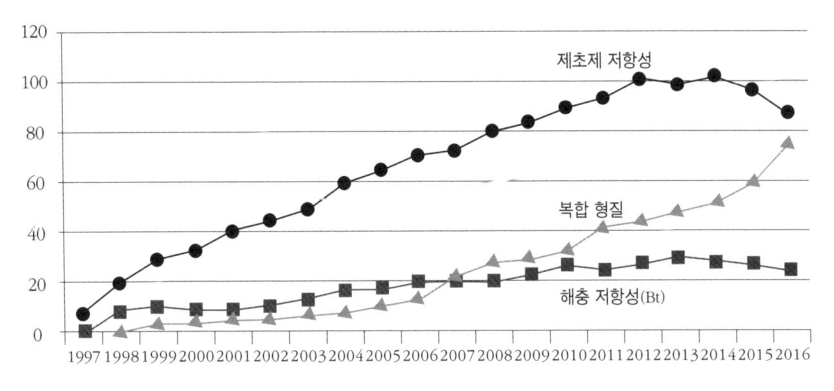

그림 1-4. GM 작물의 형질별 재배 면적 추이(단위: 100만ha)
자료: 한국바이오안전성정보센터

회책으로 복합 형질 GM의 개발이 크게 증가했기 때문이다.

이와 같이 연구 개발 과정에 시장 원리가 침투하여, 본래 '공공재'로 취급되어야 할 기초연구 영역까지도 '산업 경쟁력'이라는 이름 아래 사적 영역으로 포함되는 경향이 강화되고 있는 것이다. 그나마 과거의 녹색혁명은 공적인 국제 농업 연구 조직에 의해 중개되었는데, 현재의 바이오테크놀로지 기술 개발과 보급은 소수의 초국적 농기업에 의해서 지배되고 있으며, 공적인 연구 기관이 오히려 뒤쫓아 가는 형상이 되어 버렸다. 이들은 이윤에 의해서 움직이기 때문에, 사회적 혜택을 많이 가져오지만 별로 돈벌이가 되지 않는 이른바 "가난한 이들의 곡물(orphan crops: 저개발국의 사람들에게는 긴요한 곡물)"은 소홀히 취급한다. 더욱이 바이오테크놀로지 혁명이 그동안 고투입 농업을 주도해 왔던 동일한 기업들에 의해서 추진되고 있는 것에 주목할 필요가 있다. 그들은 유전자조작 식물에 의해서 화학 집약적인 영농을 줄이고 더욱 지속가능한 농업을 개발하는 것이 가능하다고 주장한다. 그러나 맹독성 제초제가 제초제 내성을 가지고 있는 GM 종자와 묶음으로 판매되는 현실에서 농민들의 선택지는 더욱 줄어들고 있으며, 수확량이 크게 증가될 것이라는 업체들의 약속도 지켜지지 않고 있다.

또한 GM 작물의 안전성에 대한 검증이 제대로 이루어지지 않은 상황에서 서둘러 상업화가 이루어졌기 때문에, GM 작물의 안전성에 대한 논란은 당연한 것이었다. 더욱이 논란이 되고 있는 부분에 대하여 GM 작물 개발 업체는 영업상의 이유로 개발 방법을 비롯한 GM 작물 관련 정보의 대부분을 비밀에 붙이고 있을 뿐만 아니라, GM 작물의 안정성 평가 역시 개발업자가 제시하는 아주 제한된 범위의 자료를 근거로 할 뿐이다. 또한, 국제 농업 개발 사업도 다국적 농업 관련 기업과 종자 사업과의 접점을 세계적 규모로 만드는 계기로 활용되고 있다.

❺ GMO로 무너지는 농업과 먹거리

자본은 영토 확장을 위해 시장을 확대하지만, 농업과 먹거리 분야에서 자본은 생산과 가공, 유통을 아우르는 전방위적 침투를 통해서 스스로의 활동 영역을 확보해 간다. 최근에는 바이오 분야, 특히 GM 관련 분야를 중심으로 영역을 급속하게 확대하고 있다. 이로 인해 농민의 주도권은 침탈당하고, 소비자의 선택권도 보장되지 못하는 심각한 상황에 직면하게 되었다.

GM 종자가 개발된 이후 가장 큰 문제가 되어 온 것이 안전성과 관련된 부분이다. GM 작물 또는 GM 작물을 원료로 한 식품(먹거리)의 생산을 용인한 근거는 '실질적 동등성(substantial equivalence)'이라는 개념이다. 이 개념은 공공의 건강을 보호하기보다는 국제무역을 촉진하는 역할을 수행하고 있는 경제협력개발기구(OECD)와 바이오 메이저에 의해서 제안되었다. 실질적 동등성은 GM 작물의 기본 영양소, 예를 들면 단백질, 지방, 탄수화물 등이 원래의 Non-GM 먹거리와 비슷한 양을 포함하고 있다면 GMO(Genetically Modified Organism: 유전자조작 생명체)는 Non-GMO와 실질적으로 동등하고, 이 때문에 엄격한 안전성 검사가 필요하지 않다는 것이다. 이 실질적 동등성에 대한 어떠한 법률적 혹은 과학적 정의가 없다 보니 치밀하고 장기적인 독성 검사를 강제하지 못하고 있는 것이다. 광우병으로 오염된 소고기도 안전한 소고기와 실질적 동등성을 확보하고 있다는 점에서 우려가 나오는 것이다.

그러다 보니 현실에서는 GMO의 안전성과 관련된 여러 문제들이 제기되고 있다. 미국 하와이 주에서 선천성 장애를 갖고 태어나는 유아의 출생률이 미국 평균의 10배에 달하는데 그 원인이 GMO에 기인한 것일 수 있다는 강한 의혹이 제기되었다. 미국에서 개발된 제초제 내성 GM 옥수수의 대부분이 하와이에서 시험 재배되고, 사용되는 농약은 미국 평균의 17배에 달한다. 또한 GM 콩에는 발암물질인 포름알데히드가 축적되어 있고 항산화 작용을 하는 글루타치온이 크게 감소되었는데, 그 이유는 작물이 본래 갖고 있는 스트레스 제어 능력이 GM 기술에 의해서 파괴되었기 때문이라고 한다.

한편, 현재 유통되고 있는 GM 작물의 거의 대부분은 생산비용을 낮춰서 이윤율을 높이기 위해 개발되었다고 말해진다(이른바 제1세대 GM). 그럼 비싼 종자 값 대신 수확량이 많아졌을까? GM 작물은 기존 작물보다 수확량이 많다는 주장이 종종 제기되고 있지만, 실제는 그렇지 않다는 연구 결과가 많이 나오고 있다. GM 작물의 수확량이 적다는 비판에 직면한 몬산토는 2009년에 새로운 고수확 GM 콩을 상업화했지만, 그 결과는 만족스럽지 못했다. 이에 미국의 웨스트버지니아 주에서는 몬산토의 허위 광고 여부를 가리기 위한 조사에 착수하기도 했지만, 어떤 결과도 밝히지 않고 2012년에 조사를 황급히 종료했다. 또한 2014년 미 농림부는 GM 종자의 상업화가 진행된 지난 15년 동안 수확량의 증가를 보여 주지 못했다는 내용의 보고서를 발표했다. GM 종자가 수확량 증가를 목적으로 개발된 것이 아니라 제초제 내성이나 해충 저항성을 목적으로 만들어졌기 때문에 수확량의 정체 또는 감소가 GM 작물의 치명적 결함이 아니라고 바이오 메이저들은 주장하기도 하지만, 비싼 GM 종자를 구입한 경작 농민의 입장에서는 치명적인 약점이라고 할 수 있다. GM 작물의 개발에 막대한 자금을 쏟아 붓는 대신 농생태적 농업 실천을 확산시키고 기존의 육종 기술을 향상시키는 데 사용한다면, 수확량을 높이는 데 훨씬 효율적이고 훨씬 광범하게 긍정적인 영향을 미칠 것이다.

제초제 내성 GM 작물로 인해 제초제 사용량은 당연히 증가하였다. 실제로 미국에서 GM 작물이 도입된 이후 제초제 사용량은 7% 이상 증가했다. 같은 기간 동안 Non-GM 작물 재배지에서 사용된 단위면적당 제초제 사용량은 거의 변화가 없었다. 더욱이 제초제 내성 GM 작물의 재배가 늘어나면서 제초제에 내성을 가지고 있는 이른바 슈퍼 잡초로 인해서 더 많은 제초제가 필요한 '화학적 악순환(chemical treadmill)'에 빠져 버렸다.

해충 저항성 GM 작물도 살충제의 사용을 감소시키지 못했다. GM을 옹호하는 사람들은 해충 저항성 GM 작물의 재배로 인해 전 세계적으로 살충제가 6.9% 정도 감소되었다고 주장하고 있는데, 프랑스에서는 이 GM 작물과는 전혀 관계없이 1995년 이후 15년 동안 사용량이 12% 정도 감소했다. 더욱이 해충 저항성 GM 작물의 재배로 인해서 익충의 번식이 억제되어 질병의 확산을 초래하기도 한다. GM 옥수수의 경작이 계속되면서 야생식물은 사라지고 토양침식이 발생했다. 조사 대상 전 지역에서 GM 옥수수를 경작하는 곳 가까이에서는 채소나 감자와 같은 뿌리작물을 재배할 수 없게 되었다고 한다. 아울러 농민들은 토양의 퇴화가 매우 빠르게 진행되었다는 점을 지적한다. 비료의 사용량이 증가했으며, 토양은 단단하게 굳어졌다. 이는 지속적으로 제초제를 사용한 결과 양질의 양분을 제공할 수 있는 유익한 미생물들이 죽어서 토양 생태계가 영향을 받았기 때문이다. 더욱이 GM 작물의 방출은 회수 불가능하고, 이에 따른 오염도 회수하는 것이 불가능하다. GM 작물은 살아 있는 유기체이기 때문에 계속 살아남을 수 있고, 더욱이 생태계에서 번식을 할 수 있다.

바이오 메이저들이 사용하는 또 다른 방법은 박애주의자로 변신하는 것이다. 그들은 철분이 강화된 상추 등을 개발하고(제2세대: 이른바 소비자의 욕구를 충족시킨다는 명분으로 추진하는 사업), 이어서 의료용으로 삼나무의 알레르기 물질을 주입한 GM 벼를 개발하기도 한다(제3세대: 환자의 고통을 치유한다는 명분으로 추진하는 사업). 생산 비용을 낮춰서 생산 농가에게 도움을 주겠다는 제1세대 GM 작물이 사회적으로 큰 호응을 받고 있지 못한 상황에서 제2세대, 제3세대 GM 종자 개발에 바이오 메이저들이 나서는 이유에 대해서도 의문이 들 수밖에 없다. 그러나 이 의문은 아주 오래된 전례를 통해서 쉽게 해결된다. 세계 인구의 절반에 가까운 약 30억 명이 주식으로 하는 쌀은 바이오 메이저에게는 황금 알을 낳는 거위일 수밖에 없다. 그래서 이들은 1990년대 후반부터 '개발도상국에서 비타민 A 결핍에 의한 실명을 예방'한다는 명분으로 GM 벼, 즉 '황금 쌀'의 개발을 진행했다. 미국 마이크로소프트사의 빌 게이츠 회장조차 매우 적극적으로 지원 의사를 밝혔는데, 사실 빌 게이츠는 세계 최대 규모의 자선단체의 창립자이면서 몬산토의 대주주이기도 하다. 그런데 '황금 쌀' 자체에 비타민 A가 함유되어 있는 것이 아니라 '황금 쌀'에 포함된 β 카로틴이 체내에서 비타민 A로 전환되는 구조여서, 필요한 비타민 A를 섭취하기 위해서는 매일 다량의 '황금 쌀'을 먹어야 한다. 훨씬 쉽게 실명을 예방하는 방법은 1알에 50원 하는 비타민제를 제공하는 것이 매우 저렴한 해결책이라는 목소리는 바이오 메이저의 힘에 파묻혀 버렸다.

❻ 먹거리 위기의 심화

자본의 지배는 여러 가지 형태로 농업에 영향을 미쳤다. 자본의 농업 생산 진출은 말할 것도 없고, 농민이 주도했던 영역 중에서 상당 부분을 잠식해 갔다. 이 과정은 농민적 농업 생산을 위축시키는 과정이었고, 농촌이 가지고 있는 사회적 자본을 파괴하는 과정이었을 뿐만 아니라, 농업 자체의 지속가능성을 위협했다. 만일 자본의 지배 강화에 따른 농민적 생산의 위축이 생산성이 높은 농업으로의 대체 과정으로 평가할 수만 있다면, 농업에 대한 자본의 지배를 역사 발전의 일환으로 평가하는 데 주저할 필요가 없을 것이다. 그러나 "자본주의적 농업의 진보는 그 어느 것이나 노동자를 약탈하는 기술상의 진보일 뿐만 아니라 또한 토지를 약탈하는 기술상의 진보이며, 일정한 기간에 토지의 비옥도를 높이는 진보는 그 어느 것이나 이 비옥도의 항구적인 원천을 파괴하는 진보이다. … 한 나라가 대공업을 토대로 하여 발전하면 할수록 이러한 토지의 파괴 과정은 보다 더 급속하다"(마르크스).

한편, 농업의 자본주의적 발전은 농업 생산이 가지고 있는 특성으로 인해서 더디다. 이것이 오히려 역설적으로 농업이 그 가치를 지킬 수 있는 계기로도 작용했다고 할 수 있다. 정치경제학의 개념을 차용한다면, 농업의 생산기간은 공업의 생산기간에 비해서 길고, 생산기간 중에 비노동 기간도 마찬가지로 길다. 또한 기계의 효율이 공업에 비해서 낮기 때문에, 이윤의 창출에서 농업은 덜 매력적이다. 그럼에도 불구하고 자본주의는 시장의 개척 및 확대를 통해서 끊임없이 농민의 품에 있던 것들을 빼앗아 왔다. 초기에는 노동력을, 이어서 토지와 물을, 그리고 수확물과 종자까지 자본의 영역 속으로 끌어들였다. 그 결과는 산업적 농업의 확산으로 이어졌고, 이는 농생태계와 농촌공동체의 파괴였으며, 농민의 몰락이었다.

순환 과정을 중시하면서 이루어져 온 농업이 자본의 지배를 받으면서 분절화 되었고, 자본에 의해 전유되고 대체되었다. 순환의 체계가 망가지고, 거기에서 발생하는 다양한 경제적, 사회적, 문화적, 역사적 자산들이 자본의 몫으로 되어 버렸다. 농업이 자본의 지배를 받게 되면서 종자뿐 아니라 농약, 비료, 기계 등 많은 농자재를 외부 자원에 의존하는 시스템으로 바뀌어 버렸다. 또한 외부 자재를 효율적으로 이용하기 위해 다품종 소량 생산은 소품종 대량생산으로 바뀌어야만 했다. 다품종 소량 생산은 지역 내 자급을 바탕으로 이루어졌지만, 대규모 단일경작은 지역의 시장을 지향한 것이 아니었기에, 상업자본의 개입 없이는 판로 확보도 어렵게 되었다.

자본의 농업 지배는 가공 부문에서도 강화되었다. 농(農)의 연장에서 이루어졌던 농민적 가공은 법의 외피를 쓰고 '안전'이라는 이름으로 지배를 강화하는 조치들에 의해 제한된다.

자본의 농업 지배가 초래한 안전의 문제를 사후적으로 해결하기 위한 법적 조치가 농민들의 활동을 제한한다. 그리고 이로 인한 결과는 아이러니하게도 자본 자체의 활동 영역을 확대하는 수단으로 자리 잡았다. 끊임없이 이루어지는 농민 압출은 농촌의 공동화로 이어지고 있다.

신자유주의의 등장은 세계 먹거리 체계에 커다란 변화를 가져왔다. 가장 중요한 변화는 세계시장이 표준화된 규범으로 자리 잡은 것이다. 국제기구들에 의해 시장 규범이 강제되었고, 이로 인해 그동안 개별 국가 차원에서 이루어졌던 농업·농민 정책들이 해체되고 가족 소농들은 심각한 재생산 위기에 빠지게 되었다.

특히 기후변화를 넘어서 기후 위기 시대를 맞이했다는 경고가 이어지고 있다. 많은 국제기구들은 먹거리의 양적 위기에 대한 우려를 표명하고 있지만, 문제는 여기서 그치지 않는다. 세계 농식품 체계에서 먹거리의 질적인 위기는 좁은 의미에서는 식품 안전과 건강의 문제이고, 넓은 의미에서는 농업의 생태성 문제를 포괄한다. 첫째, 좁은 의미의 질적인 위기로서, 세계 농식품 체계는 식품 안전과 건강의 문제를 초래했다. 미국식 농업 모델(녹색혁명형 농업)은 극단적으로 투입물에 의존한다. 이 미국식 농업 모델은 수확량 증대에는 성공했으나, 먹거리의 질적인 측면에 대한 고려는 거의 없었다. 농약·비료의 과다 사용, 공장식 축산으로 인해 나타난 질병들, 정크 푸드를 기반으로 한 식습관의 전파 등으로 인해 먹거리 자체의 위험성이 높아지고, 이와 같은 먹거리의 섭취로 인해 식인성 질병이 확산되어 건강의 문제로까지 이어지고 있다. 둘째, 넓은 의미의 질적인 위기로서 세계 농식품 체계는 자연과의 조화, 생태성을 고려하지 않는 생산방식으로 많은 문제를 초래하고 있다. 예를 들어, 효율성만을 추구하는 녹색혁명형 농업은 화학적 투입물의 과다 사용과 소수 작물 중심의 단작화 등을 통해 자연을 파괴하고 환경을 오염시켰다. 도시 · 농촌의 분리와 경종 · 축산의 분리라는 두 가지 과정을 통해 영양물질 순환이 단절되었고, 이로 인해 화학비료 다투입과 공장식 축산으로 나아가게 되었다.

이와 같이 제2차 세계대전 이후 최근까지 주도적 세계관이었던 생산주의 패러다임은 한계에 이르렀고, 이러한 한계가 농식품 체계 및 먹거리 정책의 위기로 나타났다고 할 수 있다. 생산주의 패러다임의 한계는 외적 건강 비용의 증가, 도시화 · 세계화 · 슈퍼마켓화 등 미디어 기반 음식 문화가 초래한 식생활 변화, 생산주의와 연관된 건강 · 사회 · 환경 문제로 이어지고 있다.

국제 곡물 시장의 특징

1980년대 이후부터 대표적인 농산물인 곡물의 교역량이 크게 증가하긴 했지만, 곡물은 공산품과는 달리 생산량 중에서 다른 나라와의 무역 비중이 낮다는 특징을 가지고 있다. 1980년 이후 40여 년 동안 곡물 생산량은 14억 톤에서 27억 톤 수준으로 증가했지만, 같은 기간 동안 곡물 수출량은 2억 톤에서 4억 톤 수준으로 증가하는 데 그쳤다. 생산량 대비 수출량의 비율이 낮은 이유는, 곡물은 기본적으로 국내 소비가 우선된 후에 여유분이 수출되기 때문이다. 다만 사료작물로 많이 이용되는 콩의 경우는 예외적으로 교역량이 많아서 생산량 대비 수출량이 30%로 가장 높고, 밀은 17%, 옥수수 12%, 쌀은 7% 수준이다(2018년 기준). 생산량 중에서 수출량 비중이 낮다 보니 미세한 수급 변동으로도 급격한 가격 변동이 나타나게 된다.

또한 세계 곡물 시장에서 주요 수출국이 미국, 브라질, 아르헨티나, 캐나다, 오스트레일리아 등 소수의 국가에 한정되어 있다는 점도 곡물 시장을 취약하게 만든다. 4대 수출 국가가 전체 수출량에서 차지하는 비중은 콩 60%, 옥수수 88%, 밀 64%에 이른다. 더욱이 미국이 전 세계 수출에서 차지하는 비중은 매우 높은데, 콩은 27%, 옥수수는 41%에 이른다(2018년 기준, 미중 무역 전쟁의 여파로 미국의 비중은 다소 감소). 더욱이 미국의 농산물 수출을 주도하고 있는 4대 초국적 농식품 복합체인 카길(Cargill),

ADM, 벙기(Bunge), 루이드레피스(Louis Dreyfus) 등이 수출 물량의 60% 이상을 장악하고 있다. 우리나라도 이들 4개 초국적 농기업에서 수입하는 곡물의 비중이 60%에 이른다. 그런데, 세계 곡물 시장에서 미국이 차지하는 비중은 막대하지만, 미국 경제 전체에서 농업 부문이 차지하는 비중은 미약하다. 미국 내 금융 자산 대비 생산액은 1%에도 미치지 못한다. 투기 자본이 발호하기 아주 좋은 조건이라고 할 수 있다. 전체 금융시장에서 차지하는 비중이 이처럼 낮은 상황에서 투기 자금이 곡물 시장으로 유입되면 곡물 시장은 요동칠 수밖에 없다. 실제로 2007~08년의 식량 위기는 악화된 시장 여건(이상 기후에 의한 곡물 생산의 감소와 중국 등 신흥국가의 곡물 수요의 증가)이 기본적인 원인이었지만, 원유 시장에서 시작한 투기 자본의 상품 투자가 곡물 시장으로 그 중심이 옮겨지면서 곡물 가격의 급등으로 이어졌고, 그 피해는 곡물 수입국의 빈곤층의 기아로 연결되었다.

기후 위기를 심화시킬 낡은 식량안보론

자본주의는 재난까지 상품화하는 일에 능숙하다. 사람들의 관심이 백신과 치료제의 개발에 모아지고 있는 사이에 코로나19의 근원이라고 할 수 있는 자본주의 사회의 총체적인 재생산 구조의 균열을 가져온 원인에 대한 성찰도 무디게 하는 작업이 진행되고 있다. 더욱이 코로나19라는 역병을 새로운 동력으로 삼아 자신들의 세력을 더욱 확장시키려는 시도가 '박애'로 포장되어 언론을 장식하고 있다. 지난 3월 31일, 유엔식량농업기구(FAO) 사무총장, 세계무역기구(WTO) 사무총장, 세계보건기구(WHO) 사무총장 등 3인은 2007/08년 식량 위기 때 몇몇 개발도상국에서 식량 부족으로 인한 폭동이 일어났던 경험까지 예로 들면서 무역이 자유롭게 이루어질 수 있도록 노력해야 한다는 성명서를 공동으로 발표하였다. 곡물 자급률 21.7%(2018년 기준)에 불과한 한국은 일본 등과 연대해 WTO 농업위원회에 농산물 공급 체인 유지, 과도한 식량 재고 확보나 수출제한 자제, 정확한 무역 정보 교환 등을 통해서 교역이 장려되어야 한다는 제안서를 지난 5월 초에 제출하였다.

식량 위기는 식량의 자유로운 무역이 이루어지지 못해서 발생하기 때문에 만일 자유로운 무역이 이루어질 수만 있다면 식량 위기는 발생하지 않는다는 낡은 '식량안보론'이 코로나19를 계기로 소환된 것이다. 지금처럼 경험하지 못한 세상을 마주하게 된 상황에서 모두가 지혜를 모아 이 난국에 슬기롭게 대응해야 하는 것은 당연한 일이다. 그러나 박애정신으로 포장되어 등장한 낡은 식량안보론은 우리가 이전의 삶으로 돌아가기 위해서 최선을 다할 것인지, 아니면 새로운 질서를 만들기 위해서 노력을 해야 하는지를 고민할 말미도 주지 않고, 역병으로 인한 자유무역의 훼손을 걱정하고 있다. 그동안 인류가 경험하지 못했던 속도로 전파되는 역병과 기후 위기를 자초한 현대 산업 기술 문명의 패러다임을 떠받쳐 온 자유로운 시장경제와 자유무역이 현재의 위기를 극복할 수 있는 구원군으로 등판한 것이다.

자유무역의 전도사들

"자유로운 교역이 인류를 식량 위기로부터 해방시킬 것"이라는 주술은 1980년대부터 확산된 신자유주의 세계화의 상징이었다. 그리고 그 주술을 전파한 국제기구가 FAO, WTO, WHO였다. 특히 FAO는 개별 국가에서 발생하는 식량 위기를 지구적 차원에서 해결하기 위한 중요한 수단으로 자유로운 무역을 꼽아 왔었다. 즉, 식량 생산이 취약한 국가가 식량안보를 달성하기 위해서 식량 생산에 자원을 쏟는 것보다는 공산품을 수출해서 확보한 달러로 외국의 곡물을 수입하는 것이 훨씬 효율적이라는 패러다임을 '식량안보'라는 틀로 주장했다. 먹거리를 안정적으로 확보하기 위해서 필요한 것은 자국의 농업 생산을 유지, 발전시키는 보호무역이 아니라, 농산물의 자유무역이라는 것이 FAO에서 주장한 '식량안보'의 핵심이었다. FAO의 주장은 곡물 무역을 주도해 온 초국적 농식품 복합체(ADM, Bunge, Cargill, Dreyfus 등 곡물 메이저와 Monsanto, Syngenta, Dupont 등 바이오 메이저를 통칭)의 이해관계를 그대로 반영한 것이기도 했다. 이런 점에서 자유무역을 신봉하는 낡은 '식량안보'론은 초국적 농식품 복합체의 논리였다.

산업적 농업 — 녹색으로 위장한 생태계 파괴의 주범

이들 초국적 농식품 복합체들이 덩치를 키우기 시작한 것은 미국에서 1930년대 뉴딜 정책의 일환으로 실시한 농업정책의 부산물인 잉여농산물의 해외 조달을 담당하면서부터였고, 이는 미래의 식량 수입국을 인위적으로 만들어 내는 판로 확보로 연결되었다. 그리고 이어서 녹색혁명형 농업을 지렛대로 농업의 화학화와 기계화, 바이오 혁명이라는 미명하에 진행된 종자 주권 약탈 등으로 이어졌다. 녹색혁명은 거대 농장의 탄생에 기여했고, 이는 석유 농업의 본격적인 시작을 알리는 신호탄이기도 했다. 다수확품종의 대규모 단작 재배를 통해서 달성한 생산량의 증가는 기아 인구의 감소에 기여한 것이 아니라, 밀집 사육을 특징으로 하는 공장식 축산의 확대로 연결되었다. 종자에서 수확에 이르는 과정뿐만 아니라, 사후에 가공, 유통(수출)에 이르는 모든 과정이 이들 초국적 농식품 복합체의 휘하에 놓이게 되었다. 지역(국내)에서 생산될 수 있는 것이라 하더라도 싸게 살 수만 있다면 지역 내 생산은 포기하는 구조가 만들어진 것이다. 지역 내 생산을 고집하면 국수주의자로 취급받았고, 스스로가 만들어서 사용할 수 있는 농자재도 외부 시장에 자연스럽게 의존하는 체계가 되어 버렸다.

녹색혁명으로 수확량은 증가했지만, 농업 소득이 늘어난 것은 아니었다. 농민들이 기계화와 화학화를 한다고 돈을 더 벌 수 있는 것은 아니지만, 그렇게 하지 않는다면 당장 퇴출 위기에 직면하는 형국이 되어 버린 것이다. 이른바 종자의 악순환, 농약의 악순환, 대규모화의 악순환이 농업을 지배하는 철칙으로 자리 잡아 버렸다. 규모가 큰 농가는 농가대로, 규모가 작은 농가는 농가대로 끊임없는 규모화의 압박에 놓이게 되었고, 더 많은 외부 자원에 대한 의존으로 연결되었다. 그리고 이 과정에서 수많은 농가들이 사라졌고, 그 자리는 외국인 노동자로 대체되었고,

나중에는 불법 이민자로 채워지고 있다. 코로나19로 국경이 막힌 까닭에 외국인 농업 노동자가 없어 농업 생산 자체를 걱정하는 상황으로까지 몰리게 된 것이 지금의 현실이다.

FAO의 때늦은 각성, 그리고 배반

석유를 기반으로 하는 산업적 농업과 농산물의 자유무역의 충실한 나팔수였던 FAO에게 2007/08년의 식량 위기는 자신들을 성찰할 수 있는 계기를 제공했다. 자유무역, 녹색혁명형 농업, 공장식 축산 등을 통해서 성장한 거물, 초국적 농식품 복합체가 식량 위기를 증폭시켰을 뿐만 아니라 자신들의 부를 획득하기 위한 수단으로 식량 위기를 이용했다는 사실이 뒤늦게 밝혀졌다. 더욱이 위기를 빌미로 해외 자원 개발이라는 명분으로 진행된 초국적 농식품 복합체들의 저개발국에 대한 토지 약탈이 세계적으로 문제가 되는 상황에서 FAO는 2014년을 "가족농의 해"로, 2019~2028년을 "가족농의 해 10년"으로 지정하기에 이른다. 그간 FAO가 견지해 왔던 관점과는 매우 다른 발상의 전환이라고 할 만한 것이었다. FAO는 "지구에 있는 농장들 가운데 90% 이상이 개인이나 가족의 노동에 주로 의존하고 있으며, 이들이 전체 경지의 70~80%를 경작하면서 먹거리의 80%를 생산한다"면서, "가족농이 세계를 먹여 살리고, 지구를 보살핀다"고 천명한다. 스스로가 말하지는 않았지만, 거대 자본이 주도하는 산업적 농업은 지속가능하지 않다는 것을 인정한 것이고, 농민이 주도하는 농업이 진정으로 지속가능한 농업이라는 것을 천명한 것이었다.

그랬던 FAO가 WTO, WHO와 함께, 자유로운 교역을 이야기하는 것은 FAO의 태생적 한계를 감안하더라도 실망스러울 수밖에 없다. 코로나19라는 위기 상황에서 각자가 살길을 찾는 것이 아니라 연대를 모색하는 것이 중요하다. 그리고 더 중요한 것은 국가 간 교역의 확대가 아니라, 농민들의 연대, 농민과 소비자의 연대, 거대 자본이 지배하는 농업과 먹거리에 대한 저항의 연대를 바탕으로 하는 새로운 패러다임으로의 전환이다.

기후 위기 대응을 고려하는 패러다임 전환

한국의 농정에서도 패러다임 전환이라는 화두가 나온 지 꽤 되었지만, 현재도 담론 수준에 불과하다. 그러는 사이 한국 농업은 추락을 거듭하고 있다. 2019년의 농업 소득은 20년 전에 머물러 있고, 10ha 농사를 지어도 농업 소득으로 가계비를 충족하지 못한다. 농업 소득이 농가 소득에서 차지하는 비중은 25% 아래로 추락했고, 농산물을 팔아도 농민 손에 남는 몫은 30%도 채 되지 않는다. 70% 이상은 경영비로 나가는데, 대부분이 석유 문명과 연결되어 있는 농자재들이다. 생산주의 농정으로 일괄되는 산업적 농업의 결산표가 이렇다. 현대 산업 문명이 농업을 지배하는 녹색혁명이 극복되지 않고서는 기후 위기의 책임으로부터 농업도 자유로울 수 없다.

『프레시안』, 2020. 10. 13.

2. 식량권에서 농민권리로

2018년 12월 유엔 총회에서 '농민과 농촌에서 일하는 사람들의 권리 선언'이 채택되었다. 이 선언이 이루어지기까지 유엔 내에서 식량권, 식량안보라는 의제가 제출되었지만, 정치적 이해관계나 시장 중심 이데올로기 등의 영향을 받아 먹거리 문제의 근원적 해결책이 통합적으로 제시되지는 못했다. 제2차 세계대전 직후 유엔 인권선언에 담긴 식량권은 단순히 먹거리의 확보에 방점이 두어진 관계로 먹거리 생산의 주체로서의 농민의 역할 강화보다는 단순한 결과물의 공급이 강조되었고, 역설적으로 먹거리 위기를 자초하는 체계가 더욱 강고하게 되었다. 이에 대한 문제의식을 바탕으로 비아 캄페시나가 중심이 되어 제시한 식량주권 의제는 먹거리의 생산-공급과 소비-수요 사이의 비대칭이라는 문제는 자유무역에 의해서 해결되는 것이 아니라, 오히려 자유무역이 문제의 근원이며, 이를 주도하는 기업 먹거리 체계라는 사실을 명확히 했다. 이 식량주권 의제는 유엔의 농민권리 선언이 탄생하게 되는 데 결정적인 역할을 수행했다. 이 장에서는 이러한 진화 과정을 유엔의 식량권, FAO의 식량안보, 비아 캄페시나의 식량주권이라는 의제를 통해서 살펴본다.

❶ 유엔의 식량권

FAO의 발표에 따르면, 2018년 기준으로 기아 인구가 8억 2천만 명 이상에 이르며, 20억 명이 먹거리의 부족으로 다양한 형태의 영양실조와 부실한 건강 상태에 노출되어 있다고 한다. 농업의 산업화로 먹거리가 더욱 많이 생산되고, 먹거리의 상업화로 시장에서 더 많은 먹거리가 거래되면 먹거리를 훨씬 쉽게 확보할 수 있을 텐데, 여전히 많은 사람이 기아에서 해방되지 못하고 있다.

자본주의 사회 이전에도 먹거리의 생산과 소비의 분리는 도시의 형성과 함께 이루어졌지만, 산업화로 인해서 그 분리는 한층 확대되었다. 도시와 농촌의 분리로 도시 = 먹거리 소비, 농촌 = 먹거리 생산이라는 분리의 사고가 자리 잡게 되었고, 농과 먹거리는 서로 대립되는 체계로 되어 버렸다. 자본주의 사회 이전에도 나타났던 도시 지역의 먹거리 부족 문제가 대립의 체계 속에서 농촌 지역에서도 나타나게 되었다. 시장을 위한 먹거리 생산으로 전환되면서 농촌 지역의 먹거리 확보도 어렵게 되었다. 먹거리에 대한 접근이 도시나 농촌 모두에서 심각할 수밖에 없는 구조가 탄생했다.

특히 제2차 세계대전 이후에는 지역에 바탕을 둔 생산 부문과 소비 부문의 유기적 결합을 통한 먹거리 문제의 해결 방식은 급속하게 무너지게 되었다. 1930년대의 대공황기에 형성된 막대한 잉여농산물은 세계 여러 지역에 원조 물자로 제공되었고, 이는 인도적 구호물자로 포장되어 미국식 발전 모델의 선전 도구로 활용되었을 뿐만 아니라, 전후 세계 농식품 체계의 골조 역할을 수행했다. 미국의 이러한 의도는 1948년 유엔의 세계인권선언을 통해서 구체화되었다. 선언 25조 1항에는 "모든 사람은 자신과 가족의 건강과 안녕에 적절한 생활수준(a standard of living adequate for the health and well-being)을 누릴 권리가 있다. 이러한 권리에는 먹거리, 의복, 주택, 의료, 그리고 생활에 필요한 사회 서비스 등을 누릴 권리가 포함된다"고 명시하면서, 식량권(right to food)을 사람이면 누구나 당연히 누려야 할 권리로 선언했다. 그리고 적절한 생활수준을 명시적으로 선언했다는 점은 의미 있는 부분이지만, 권리 실현을 위한 국가의 책무나 국가마다의 자급력을 확보하기 위한 국제 협력 등에 대해서는 고민하지 않았다. 그러다 보니 인도적 차원에서 이루어지는 먹거리 원조를 강조한 형태가 되었고, 1950-60년대에 원조를 받았던 국가들의 먹거리 자급력은 크게 악화되어 미국을 비롯한 곡물 수출국으로부터 수입하는 구조가 만들어졌다.

유엔은 세계인권선언에 이어 1966년에 제정된 '경제적 · 사회적 · 문화적 권리에 관한 국제규약(ICESCR)'을 통해서 개별 국가들의 책무를 논하고 있지만, 근본적인 부분에 대한 논의

꼬리표가 붙은 미국의 잉여농산물 원조 사례

미 공법 480호(Public Law 480)로도 일컬어지는 농산물무역촉진 원조법(Agricultural Trade Development Assistance Law)의 명칭에서 드러난 바와 같이, 원조의 목적이 농산물 무역을 촉진하는 데 있었다. 원조 농산물을 매각한 대금은 군수산업 육성, 군비 강화 등에 사용하도록 강제했다. 한국의 경우, 이 매각 대금의 80-90%는 국방비에 전입하여 미국 무기류의 구입에 사용하도록 하였고, 나머지 10-20%는 미국 대사관 측의 원화 사용과 미국 유학생의 양성에 쓰도록 했다. 또한 미국은 원조 공여자라는 명분으로 한국의 경제 운용 방향에 대해서도 간섭했다.

는 등한시했다. 규약 11조 1항은 "이 규약의 당사국은 모든 사람이 적절한 먹거리, 의복 및 주택을 포함하여 자신과 가족을 위한 적절한 생활수준을 누릴 권리와 생활 조건을 지속적으로 개선할 권리를 가지는 것을 인정한다. 당사국은 …(중략)… 그 권리의 실현을 확보하기 위한 적당한 조치를 취한다"고 함으로써 개별 국가의 의무를 강조하고 있다. 그러나 그 '**적당한 조치**'의 내용을 보면 자본적 시각에서 강조한 의무임을 확인할 수 있다. 즉, 11조 2항은 "이 규약의 당사국은 기아로부터의 해방이라는 모든 사람의 기본적인 권리를 인정하고, 개별적으로 또는 국제 협력을 통하여 아래 사항을 위하여 구체적 계획을 포함하는 필요한 조치를 취한다. (a) 과학 · 기술 지식을 충분히 활용하고, 영양에 관한 원칙에 대한 지식을 보급하고, 자연 자원을 가장 효율적으로 개발하고 이용할 수 있도록 영농 제도를 발전시키거나 개혁함으로써 식량의 생산, 보존 및 분배의 방법을 개선할 것. (b) 식량 수입국 및 식량 수출국 쌍방의 문제를 감안하면서, 인간의 욕구에 근거한 세계 식량 공급의 공평한 분배를 행할 것"을 내용으로 담고 있다. 그러나 (a)의 과학 · 기술 지식은 과연 무엇을 말하는 것일까? 그것은 누가 주도하는 지식일까? 1960년대 중반은 녹색혁명형 농업이라는 거대한 프로젝트가 확산되기 시작한 시점이라는 것은 우연의 일치가 아니다. 자연 자원을 가장 효율적으로 개발하는 것에서 중요한 것은 개발의 주체와 효율의 관점인데, 여기에는 그 주체에 대한 명시도 없이 암묵적으로 개발주의 이데올로기와 함께하고 있다. (b)의 식량 수입국 및 식량 수출국 쌍방의 문제를 감안한다는 언급은, 농산물 무역의 보호주의적 정책이 일반화되어 있던 당시의 상황에 비춰 보면, "인간의 욕구에 근거한 공평한 분배"라는 수식어는 자유무역으로의 전환을 암묵적으로 제안하고 있다. 식량권의 확보가 제대로 이루어지지 않은 이유가 농산물의 자유로운 무역이 제대로 이루어지지 않았기 때문이라는 인식이 깔려 있다고 할 수 있다. 인도주의의 실천이라는 외피를 쓴 잉여농산물 원조가 원조를 받는 나라의 자력에 의한 먹거리 확보를 어렵게 만든 상황에 대한 문제의식은 없었던 것이다.

식량권은 기본적 인권의 연장선에 있기 때문에 이 개념 자체에는 정치적인 목적이 담겨 있지는 않다. 그러나 역설적이게도 인간이 정치로부터 자유로울 수는 없는 까닭에 세계 정치경제의 여건과 패권의 변화에 따라 정치적으로 이용될 수밖에 없었다는 것을 미국의 잉여농산물 원조의 역사를 통해서 확인할 수 있다. 무상 원조에서 유상 원조로, 다시 상업 거래로 진화되는 역사적 과정은, 먹거리가 사람이 살아가는 데 있어서 가장 기초적인 요건임에도 불구하고, 현대의 먹거리 체계는 사람을 먼저 고민하는 체계가 아니라 이윤의 획득이라는 자본주의적 운동 방식과 이와 결합된 패권의 확보가 우선이라는 사실을 보여 주고 있다. 실제로 유엔의 식량권이라는 아젠다는 미국의 잉여농산물의 처분과 미국 패권 체제의 유지 · 강화라는 정치적 목적으로 활용되었다.

❷ FAO의 식량안보

1972-73년의 세계적 식량 위기를 계기로 등장했던 식량안보(food security)라는 의제는 1996년 세계 식량 정상회의(FAO/World Food Summit)의 '로마 선언(Rome Declaration)'과 '행동계획(Plan of Action)'을 계기로 다시 강조되었는데, 이 의제 자체로서는 특정한 이념성을 갖고 있지 않은 중립적인 개념이라고 할 수 있다. 그러나 이 또한 자유무역을 통한 분배체계에 기반을 둔 먹거리의 확보를 강조하는 이데올로기로 작동했다. "각각의 나라는 식량을 다른 나라로부터 간섭받지 않을 권리가 있고, 자국민에게 충분한 영양가를 공급할 권리가 있다"(FAO, 1996)면서 식량안보의 중요성을 강조하고 있지만, 식량안보의 달성 수단으로 국내 생산뿐만 아니라, 곡물의 수입과 재고관리, 자유무역의 필요성을 주장한다. 여기서 일컫는 곡물 수입과 재고관리는 각 국가 또는 지역의 자급력에 바탕을 둔 것이 아니라, 농산물의 자유무역에 의거한 곡물의 확보 능력, 즉 안정적으로 곡물을 구매할 수 있는 능력의 확보를 지칭하는 것이다.

이런 점에서 식량안보 개념은 농산물의 과잉을 배경으로 하는 자유무역의 확대와 미국을 비롯한 소수의 곡물 수출 국가의 이해가 반영된 패러다임에 불과하다고 할 수 있다. 식량안보가 단순히 먹거리를 충분하게 보장받는 것 자체에 방점이 두어지다 보니 먹거리가 어디에서 오는지, 어떻게 생산되는지에 대한 고민은 애당초 고민의 대상이 아니었다. 식량안보에서는 먹거리를 안정적으로 공급하는 것을 보장한다는 것이므로, 안정적으로 수입할 수만 있다면 식량안보는 달성될 수 있다. 따라서 식량안보라는 의제는 농산물의 자유무역을 지렛대로 이윤의 극대화를 위해 행동하는 초국적 농식품 복합체의 이해를 반영한 정치적인 개념으로 활용되었다. 즉, 먹거리를 충분하게 생산하지 못하는 나라는 자국의 자급력을 확보하는 것에 치중하기보다는 수입할 수 있는 능력을 키움으로써 먹거리를 확보하는 것이 훨씬 효율적이라는 비교 우위론으로 연결되어, 자유무역을 기반으로 하는 초국적 농식품 복합체가 주도하는 먹거리 체계의 이데올로기로 자리매김하게 되었다.

특히 1980년대 이후 신자유주의 세계화 속에서 국가의 역할이 축소되고 먹거리의 상품화가 힘을 발휘하게 되면서 개인 단위의 구매력이라는 개별화된 경제적 관점이 지배하게 되었다. 이 과정에서 기업 먹거리 체계와 맞물리면서 먹거리 문제의 개인화가 심화되었고, 먹거리의 완전한 자유무역화와 구매력을 바탕으로 한 개인의 세계시장에 대한 접근을 통한 먹거리 보장이라는 논리로 이어져 기업 먹거리 체계의 정당화로 연결되었다.

❸ 비아 캄페시나의 식량주권

식량권이나 식량안보와 관련된 논의가 가지고 있는 근본적인 한계는 먹거리 생산의 주체로서 농민의 위치가 명확하게 드러나 있지 않다는 점이다. 결과물로서의 먹거리가 논의의 중심에 있다 보니 농업의 생산방식에 대한 고민이나 먹거리의 생산-가공-유통-소비의 일련의 과정들을 실질적으로 지배하고 있는 기업 주도의 먹거리 체계에 대한 문제의식 등은 담아내지 못했다. 이에 대한 강한 비판 의식에서 나온 것이 식량주권(food sovereignty) 의제이다. 식량주권 의제는 국경을 넘나들며 활동하고 있는 거대 초국적 농식품 복합체가 주도하는 지구화된 농식품 체계에 근거한 자유무역과 녹색혁명형 농업에 대한 근본적인 성찰을 요구한다.

1980년대 이후 신자유주의 세계화의 확산, UR에 따른 농산물 보호무역의 완화와 자유무역의 강화로 인해 먹거리의 안정적인 생산과 확보를 더욱 어렵게 만들었다는 인식 하에서 전 세계 중소농, 무토지 농민, 여성 농민, 원주민, 이주민과 농업 노동자의 국제 조직인 비아 캄페시나는 수년간의 내부 토론을 거쳐 세계 식량 정상 회의에 대항하여 개최된 NGO 세계포럼(1996)에서 식량주권이라는 의제를 운동 과제로 제시하였다.

식량주권은 농업 관련 산업의 모델에 의존하는 식량안보에 대항해서 농생태적 관계에 근거하고 있다. 식량안보가 기업이 주도하는 녹색혁명형 농업에 의존하고 있지만, 식량주권은 스스로에게 의존하는 생태 농업에 근거하고 있다. 또한 식량안보가 세계 농식품 체계를 전제로 하고 있지만, 식량주권은 지역 농식품 체계를 근거로 하고 있다. 이러한 내용은 비아 캄페시나의 1996년의 문서를 통해서 확인할 수 있다.

> 먹거리는 기본적인 인권이다. 이 권리는 식량주권이 보장된 체계에서만 실현이 가능하다. 식량주권은 각국이 문화적 · 생산적 다양성을 존중받으며 기본적인 먹거리를 생산할 수 있는 역량을 유지하고 발전시킬 수 있는 국가적 권리이다. 우리는 우리의 영토 내에서 우리의 먹거리를 생산할 권리가 있다. 식량주권은 진정한 식량안보의 전제 조건이다. (La Via Campesina, 1996).

비아 캄페시나는 이 문서를 통해 현 농식품 체계의 근본적인 두 가지 문제를 지적하고 있다. 첫째, 먹거리를 기본적 인권으로 규정하는 국제 규약의 기본 원칙(식량권)이 식량안보의 패러다임 하에서는 지켜지지 않고 있다는 것이다. 둘째, 현재의 농식품 체계에서는 먹거리의 생산, 소비와 분배라는 가장 중요하고 기본적인 활동에 대한 결정권이 개별 국가와 생산자, 그리고 소비자에게 없다는 것이다. 비아 캄페시나는 식량주권의 개념을 통해 먹거리 보장 패러다임으로 위장한 식량안보 개념의 문제점을 지적함과 동시에 식량주권의 실현을 통해서만 진정한 식량안보의 확보가 가능하다고 주장하고 있다.

식량주권 의제는 외견상 보호주의, 국수주의에 호소하는 것처럼 보이지만, 실제로는 시장을 통해서 기아 문제를 해결할 수 있다는 신자유주의적 의도로서의 '식량안보의 정치화'에 대항하는 개념이라고 할 수 있다. 당면한 양적 · 질적 식량 위기는 신자유주의 세계화와 기업 먹거리 체계가 초래한 중소 가족농의 몰락, 초국적 농식품 복합체의 지배 강화, 국가정책의 무력화 등으로 인해 발생했다는 것이 식량주권 의제의 출발점이다. 식량주권 의제는 먹거리 체계 전반의 근본적인 전환이 필요하다는 인식하에 기존의 의제들이 농업 생산에서의 기술적 관리나 결과물로서의 기아의 해결이나 소비자 중심의 먹거리 안전에 집중했던 한계를 통합적으로 극복하고자 하는 문제의식이 응축되어 만들어졌다고 할 수 있다. 식량주권이 제시하는 대안적 먹거리 체계를 각 영역별로 구분해 본다면, 먼저 생산 영역에서 지속가능성을 보장하기 위해서는 중소 가족농을 농업 생산의 핵심 주체로 하고, 이들의 생산 권리를 보장하기 위해 생산비 보장, 생산 자원에 대한 접근권 보장, 보조금 지급 등의 정책 시행을 주장하고 있다. 그리고 무엇보다 지역 소비를 위한 생산이 우선되어야 함을 강조하면서, 현재의 기업 먹거리 체계를 주도하고 있는 초국적 농식품 복합체의 지배력을 통제하기 위해서는 식량주권이 회복되어야 한다고 주장하고 있다.

❹ 식량주권 실현을 위한 7대 원칙

식량주권은 기존의 국제사회에서 합의한 식량권, 식량안보와 비교했을 때, 이들 개념이 갖고 있는 한계를 극복하면서 이를 포괄하는 내용을 담고 있다. 즉, 식량주권은 인권으로서의 식량권을 포괄하고 있으며, 먹거리 보장을 달성하기 위한 구체적인 전략과 정책은 비아 캄페시나의 '식량주권 실현을 위한 7대 원칙(Seven Principles to Achieve Food Sovereignty)'을 통해서 확인할 수 있다.

첫째, 기본적인 인권으로서의 먹거리: 모든 사람은 인간으로서의 완전한 존엄성을 유지하기 위해서 양적으로나 질적으로 충분하게 접근할 수 있어야 한다. 그 먹거리는 안전하고, 영양가가 높고, 문화적으로 적합해야 한다. 각 국가는 먹거리에 대한 접근이 헌법상의 권리라는 점과 기본권의 구체적인 실현을 보장하기 위한 1차 산업의 발전을 보장한다는 점을 선언해야 한다.

둘째, 농업 개혁: 토지가 없는 농민들, 특히 여성들에게 그들이 경작하는 토지의 소유권과 통제권을 부여하고 토착민들에게 영토를 돌려주는 진정한 농업 개혁이 필요하다. 토지권은 성별, 종교, 인종, 사회 계층 또는 이념에 근거하여 차별이 없어야 한다. 땅은 땅과 함께 일하는 사람들의 것이다.

셋째, 자연 자원의 보호: 식량주권에는 자연 자원, 특히 토지, 물, 종자 및 축종(畜種)의 지속가능한 관리와 이용이 수반된다. 땅에서 일하는 사람들은 자연 자원의 지속가능한 관리를 실천하는 권리와 지적 재산권으로 인한 제한을 받지 않으면서 생물 다양성을 보존할 권리가 있어야 한다. 이것은 경작의 보장, 건강한 토양의 확보, 농약 사용 감소와 함께 건전한 경제 기반으로부터만 이루어질 수 있다.

넷째, 먹거리 무역의 재조직: 먹거리는 무엇보다도 영양의 원천이며, 무역은 차후적이다. 국가의 농업정책은 국내 소비를 위한 생산과 먹거리의 자급이 우선되어야 한다. 먹거리의 수입으로 현지의 생산을 대체하거나 가격을 하락시켜서는 안 된다.

다섯째, 기아의 세계화 끝내기: 식량주권은 국제기구와 투기 자본에 의해 훼손된다. WTO, 세계은행 및 IMF와 같은 다자간 기구의 경제정책으로 인해 농업정책에 대한 다국적기업의 지배가 확대되고 있다. 투기 자본에 대한 규제와 과세, 초국적 농기업에 대한 행동 규율이 엄격하게 적용되어야 한다.

여섯째, 사회 평화: 모든 사람은 폭력으로부터 자유로울 권리가 있다. 먹거리를 무기로 사용해서는 안 된다. 농촌 지역의 빈곤과 소외가 증가하고 있으며, 소수 민족과 토착민에 대한 억압이 증가함에 따라 불의와 절망의 상황이 악화되고 있다.

소규모 농민의 지속적인 이주, 강제되는 도시화, 억압 및 인종주의의 발생 증가는 용납될 수 없다.

일곱째, 민주적 통제: 소규모 농가는 모든 수준에서 농업정책을 공식화하는 데 직접 참여해야 한다. 유엔과 관련 기구들은 이것이 현실이 되도록 민주화 과정을 거쳐야 할 것이다. 모든 사람은 정직하고 정확한 정보와 공개적이고 민주적인 의사 결정에 대한 권리를 갖는다. 이러한 권리는 어떤 형태의 차별도 없이 경제, 정치 및 사회 생활에 대한 좋은 협치와 책임성, 동등한 참여의 기초가 된다. 특히 농촌 여성은 먹거리와 농촌 문제에 대한 의사 결정에 직접적이고 적극적으로 참여할 수 있어야 한다.

식량주권이 담고 있는 내용이 기존의 식량권이나 식량안보와 명확하게 구별되는 이유는 다음과 같다.

첫째, 식량주권은 식량안보가 인권으로서 먹거리에 대한 명확한 규정을 하고 있지 않은 것과는 달리, 먹거리를 기본적 인권으로 규정하고 있다.

둘째, 식량주권은 지역성에 중심을 두고 있다. 이는 세계화된 농식품 체계가 농업 기반을 파괴하고 수출을 위한 환금성 작물 생산에 치중하도록 하면서 나타난 문제들을 해결하기 위해서는 지역에 기반한 농식품 체계의 구축이 필요하다는 것을 의미한다. 또한 한 국가 내에서도 도시화와 도농 간의 격차로 인해 발생한 생산과 소비의 단절, 농촌의 후진성을 극복하는 의미도 담고 있다.

셋째, 식량주권은 먹거리 체계의 민주화를 중요한 요소로 담고 있다. 한 국가의 관점에서 보면, 생산자인 농민들이 농업정책의 결정권을 가지며, 생산에서 소외되어 있던 주체들이 함께 참여할 수 있는 권한을 가지는 것이다. 국제적 관점에서는 현재 초국적 농식품 복합체들이 지배하는 세계 농식품 체계에서 각국이 농업과 먹거리 정책에 대해 스스로 결정하지 못하고 주요 수출국과 초국적 농기업에 유리한 규범이 강제되는 것에서 벗어나는 것을 의미한다. 이를 위해서는 주요 수출국과 초국적 농기업을 옹호하는 국제기구들이 이들을 규제하고 각국의 농업정책 결정의 자율성을 보장함으로써 가능하다.

넷째, 식량주권은 농업과 먹거리의 생태성을 지향한다. 이는 제2차 세계대전 후 미국식 농업 개발 모델의 전파에 따라 과도한 투입재에 의존하는 산업화된 생산 모델에서 벗어나는 것이다. 또한 생산주의 패러다임에서 생태학적 통합 패러다임으로 전환한다는 의미이기도 하다.

❺ 유엔의 '적절한 먹거리에 대한 인권'

1996년 비아 캄페시나가 제출한 식량주권이 담고 있는 7대 원칙 — 기본적 인권으로서의 먹거리, 농업 개혁, 자연 자원의 보호, 먹거리 무역의 재조직, 기아의 세계화 끝내기, 사회 평화, 민주적 통제 — 은 유엔의 '경제적 · 사회적 · 문화적 권리 위원회'가 1999년에 발표한 「일반논평 12」에 부분적으로 반영되었다. 이 「일반논평 12」는 1966년에 제정된 '경제적 · 사회적 · 문화적 권리에 관한 국제 규약(ICESCR)'의 제11조 규정을 해설한 유권적 지침으로서 먹거리 관련 권리를 보다 구체화하고 있는데, 우선 식량권의 정확한 명칭을 '적절한 먹거리에 대한 인권(the human right to adequate food)'으로 확정하였다. 여기서 말하는 적절성은 먹거리가 사회 · 경제 · 문화 · 기후 · 생태 · 기타 조건에 부합하는 것을 의미한다. 또한 농민의 권리를 침해하면서 생산된 먹거리는 소비자가 비록 시장에서 쉽게 접근할 수 있더라도 적절한 먹거리로 볼 수 없다는 점을 먹거리의 지속가능성과 가용성, 접근성을 통해서 강조하고 있다.

또한 적절한 먹거리에 대한 인권을 보장하기 위한 국가의 네 가지 의무도 규정하고 있다. 첫째, 적절한 먹거리에 대한 접근성 존중 — 국가는 현재 존재하는 먹거리 접근성을 저해하는 어떠한 행위도 해서는 안 된다. 둘째, 적절한 먹거리에 대한 접근성 보호 — 기업이나 특정 집단이 사람들의 먹거리 접근성을 빼앗지 못하도록 국가가 보호해야 한다. 셋째, 적절한 먹거리에 대한 접근성 촉진 — 먹거리 보장을 위하여 사람들이 자원을 활용하여 생계를 유지할 수 있는 수단을 강구할 수 있도록 국가가 적극적으로 정책을 추진한다. 넷째, 국가가 먹거리를 제공 — 개인이나 집단이 그들의 통제 밖의 이유로 적절한 먹거리에 대한 권리를 누릴 수 없는 경우에 국가는 즉시 먹거리를 제공할 의무를 진다. 여기에 더해서 민간 기업도 적절한 먹거리에 대한 권리의 존중을 증진하는 행동을 해야 한다고 규정하고 있다. 현재의 농식품 체계 내에서 초국적 농식품 복합체를 비롯한 먹거리 관련 기업들의 이해와 직접적인 상충은 피하고 있지만, 기존의 식량권이나 식량안보의 틀보다는 진화되었다. 이는 비아 캄페시나의 식량주권의 주장이 영향을 미친 것이라고 할 수 있다.

❻ 식량주권에서 농민권리로

2007년 비아 캄페시나는 닐레니 선언을 통해서 식량주권을 보다 명확히 정의하면서, 농민권리라는 새로운 의제를 제출했다. 닐레니 선언에서 밝히고 있는 식량주권은 다음과 같다.

> 식량주권은 환경친화적이고 지속가능한 방식으로 생산되고 문화적으로도 적절한 먹거리에 대한 민중들의 권리이며, 또한 민중들이 그들의 고유한 먹거리와 농업 생산 체계를 결정할 수 있는 권리이다. 식량주권은 먹거리 체계와 정책의 중심을 시장과 기업의 요구가 아니라 생산과 공급, 소비를 하는 사람들을 최우선으로 하며, 동시에 다음 세대를 위한 것이다. 식량주권은 현재 초국적 농기업이 주도하고 있는 농식품 체계에 맞서 지역 생산자들을 중심에 둔 식량, 농업, 소목축업, 어업 체계의 방향과 전략을 제시한다. 식량주권은 지역, 국민경제와 시장을 우선시키고, 농민과 가족농이 추구한 농업, 어민, 목축인과 환경적 · 사회적 · 경제적 지속성을 토대로 한 식량 생산, 공급, 소비의 권한을 부여한다. 식량주권은 모든 민중에게 공정한 수입을 보장할 수 있는 투명한 무역과 소비자가 먹거리와 영양을 관리할 수 있는 권리를 증진시킨다. 식량주권은 우리의 토지, 영토, 물, 종자, 가축, 생물

의 다양성을 사용하고 관리하는 권리가 식량 생산자의 손에 있다는 점을 보증한다. 식량주권은 남녀, 민중, 인종, 사회 계급, 세대 간의 불평등과 탄압이 없는 새로운 사회관계를 의미한다.

농민만이 주권자가 아님에도 불구하고 농민에게만 별도의 권리를 이야기하는 이유는 농민이나 농촌 지역민의 생활이 상대적으로 위기에 처해 있기 때문만은 아니다. 오랫동안 농민들에 의해서 관리, 운영, 보존되어 왔던 자원들, 즉 사회적 자본으로 표현될 수 있는 토지, 물, 천연자원, 종자, 생물 다양성, 전통문화와 지식 등이 자본이 주도하는 시장경제의 확산으로 침탈이 가속화되고 있고, 이를 더 이상 방치할 수 없는 임계치에 도달했기 때문이다. 농업이 자본의 지배를 받으면서 순환의 체계가 망가지고, 거기에서 발생하는 다양한 경제적, 사회적, 문화적, 역사적 자산들이 자본의 몫으로 되어 버렸다. 오랜 기간 동안 지역의 농민들에 의해서 관리되고 유지되었던 공유 자원도 사적인 영역으로 들어갔다. 농민들이 세대를 거쳐서 지속적으로 이용해 온 토지가 자본의 수중에 들어가게 되고, 농민을 쫓아낸 자리는 산업 단지의 개발 부지로 혹은 관광 리조트의 용지로 이용되고 있다. 자본주의 초기 시대인 본원적 축적기에 "양이 사람을 잡아먹는" 종획 운동은 현대사회에서도 대규모 토목 건설 사업이나 국토 계획 등의 이름으로 진행된다. 인류의 공동 유산인 종자를 개량하는 작업은 사람들의 공동 작업과 공적 영역에서 주로 담당했다. 하지만 우루과이라운드를 통해서 초국적 농기업들이 무역관련지적소유권(TRIPs)을 확보하면서, 자본의 종자 지배는 강화되었다. 그리고 몬산토를 비롯한 바이오 메이저들이 상용화한 유전자조작(GM) 종자는 자본의 농업 지배에 있어서 불가역적인 실질적 완결이라고 할 수 있다. 한국의 경우에도 1970년대 새마을운동으로 진행된 녹색혁명형 농업의 강요로 상당수의 토종 씨앗이 논밭에서 사라지기 시작했다. 녹색혁명 또는 바이오 혁명에 기반을 둔 산업적 농업이 농사의 시작이면서 끝인 종자까지도 자신의 영역으로 가져가면서, 화학비료와 살충제, 제초제에 의존하지 않으면 안 되는 구조가 되었다. 또한 내부의 자원을 효율적으로 이용하기 위해 활용되던 다품종 소량생산은 농기계 등 외부 자재의 효율적인 활용을 위해 소품종 대량생산으로 바뀌었다. 이에 따라 시장에서 농민들 사이의 경쟁은 더욱 치열하게 되었고, 단작 중심의 영농 체계는 상업자본의 개입 없이는 판로 확보도 어렵게 되었다.

자본의 농업 지배는 가공 부문에서도 강화되었다. 농(農)의 연장에서 이루어졌던 농민적 가공에 대해서도 '안전'이라는 이름으로 농민을 배제하는 조치들이 법이라는 외피를 쓰고 강제되었다. 식품 자본에 어울리는 작업 공정이 농민적 가공에 대해서도 표준화라는 틀을 강요하면서, 수천 년간 내려온 전통 방식을 불결하고 낙후된 방식으로 낙인찍는다. 그러면서 자본의 농업 지배가 초래한 안전의 문제를 사후적으로 해결하기 위한 안전 강화 조치들이 농민들의 참여를 제한하고,

이로 인한 결과를 자본은 스스로의 활동 영역을 확대하는 수단으로 활용하고 있다.

> 반세기 이상 초국적 농기업들은 우리에게 '녹색혁명'을 팔았지만 이는 결코 녹색적이지도 혁명적이지도 않았다. 단기적인 생산성만을 위한 농기업 모델은 토양을 해치고 물을 독점해 오염시켰으며, 숲을 베어내고 강물을 고갈시키며 우리의 씨앗을 상업적 품종과 GMO로 대체해 왔다. 농기업은 굶주림을 종식시키기는커녕 더 많은 먹거리 문제를 양산했고 많은 사람들을 농촌으로부터 몰아냈다. 이는 농민이 철저하게 배제된 농업 모델이다. (비아 캄페시나, 제7차 총회 선언, 2017)

화학비료를 생산하는 원리를 근대과학이 발견하기 훨씬 전부터 농민들은 토양 비옥도를 높이는 방법을 실천해 왔다. 그러나 화학비료가 확산되면서 퇴비 등을 통한 토양 자체의 질소 생성 능력은 파괴되기 시작했다. 정부의 산업적 농업 육성 정책은 이를 더욱 가속화시켰다. 또한 유기 인증이라는 제도가 도입되면서, 유기농을 실천하는 농민들이 공동 작업으로 생산했던 퇴비는 산업적 유기농 자재로 대체되었다. 농민이 만든 퇴비는 판매를 목적으로 만드는 것은 아니었기에 자본의 입장에서는 제거의 대상, 먹잇감에 불과하게 되었다. 더욱이 농업에 적용된 근대과학은 최적의 수준에서 가용 노동력을 투입하는 방식을 고민하기보다는 노동 투입량 자체를 줄이는 것을 목표로 하였기 때문에, 대형 기계 중심으로 개발되어 농업도 에너지 다소비형 산업으로 되어 버렸다. 과거의 농업이 수행했던 긍정적인 다원적 기능의 상당 부분이 발휘되지 못하는 상황이 되어 버렸고, 심지어 농업 생산이 생태계를 위협하고, 그 결과가 거꾸로 농업을 위협하는 또 하나의 화살이 되었던 것이다.

❼ 비아 캄페시나의 농민권리 선언

비아 캄페시나는 '농민권리 선언(Declaration of Rights of Peasants – Women and Men)'(2009, 서울)을 통해서 농민이 농민으로서 당연히 가져야 할 권리를 구체화하였다. 신자유주의 정책으로 인한 농민의 권리침해를 지적하면서, ① 농민의 정의, ② 농민의 권리, ③ 생명과 적절한 생활수준에 대한 권리, ④ 땅과 영토에 대한 권리, ⑤ 종자와 전통적 농업 지식과 실천에 대한 권리, ⑥ 농업 생산수단에 대한 권리, ⑦ 정보 및 농업 기술에 대한 권리, ⑧ 농업 생산에 대한 가격과 시장을 결정할 수 있는 권리, ⑨ 농업 가치의 보호에 대한 권리, ⑩ 생물다양성에 대한 권리, ⑪ 환경 보전에 대한 권리, ⑫ 결사, 의견, 표현의 자유, ⑬ 사법에 접근할 권리 등을 담았던 것이다.

비아 캄페시나의 농민권리 선언은 이후 유엔의 '농민과 농촌에서 일하는 사람들의 권리 선언'으로 이어졌다.

농민권리 선언(2009)

제1조(농민의 정의): 권리자(right holder): 농민은 땅의 사람들로 먹거리와 기타 농산물의 생산을 통해서 땅이나 자연과 직접적이고 특별한 관계를 갖는 사람들

제2조(농민의 권리): 남녀 동일한 권리, 완전고용, 다른 모든 사람과 동등, 정책 결정 참여

제3조(생명과 적절한 생활수준에 대한 권리): 육체적 존엄, 폭력으로부터 보호, 여성의 자기 결정권, 존엄하게 살 권리, 먹거리에 대한 권리, 건강, 농화학 오염, 성적 권리, 물 · 운송 · 전기 · 소통 · 여가, 교육 · 훈련, 적절한 소득, 자신의 농산물을 소비할 권리, 차별 없이 보호받을 권리

제4조(땅과 영토에 대한 권리): 집단적 혹은 개인적으로 땅을 소유할 권리, 땅에서 일하고 경작하고 사육하고 사냥할 수 있는 권리, 안전한 물에 대한 권리, 수자원 관리 권리, 국가로부터 수자원을 관리하는 데 필요한 지원을 받을 수 있는 권리, 삼림에 대한 권리, 땅의 합병을 거부할 수 있는 권리, 소작권, 관개 농지에 대한 권리, 토지개혁으로부터 혜택을 받을 권리 등

제5조(종자와 전통적 농업 지식과 실천에 대한 권리): 종자 선택권, 재배 거부권, 산업적 농업 모델을 거부할 수 있는 권리, 지역의 지식을 보존하고 발전시킬 권리, 시설을 이용할 권리, 개별적 혹은 집단적으로 자신의 생산물 · 다양성 · 양 · 질 · 영농 방식 등을 선택할 수 있는 권리, 자신의 기술을 사용할 권리, 농민들의 종

자를 재배 · 개발 · 교환 · 판매할 수 있는 권리, 식량주권에 대한 권리
제6조(농업 생산수단에 대한 권리): 국가로부터 자금을 받을 권리, 신용에 대한 접근, 농업을 위해 물적 수단을 얻을 권리, 물에 대한 권리, 운송 · 건조 · 보관 시설에 대한 권리, 국가 및 지역 농업의 결정에 참여할 권리
제7조(정보 및 농업 기술에 대한 권리): 정보 획득 권리, 국가 및 국제 정책에 관한 정보 획득 권리, 기술적 지원 등을 받을 권리, 유전자원의 보전과 관련한 충분한 정보를 얻을 권리
제8조(농업 생산에 대한 가격과 시장을 결정할 수 있는 권리): 가족과 사회의 요구에 우선하여 생산할 권리, 자신의 생산물을 보관할 수 있는 권리, 전통적인 지역 시장을 번성시킬 권리, 정당한 가격을 받을 권리, 가격을 개별적 혹은 집단적으로 결정할 수 있는 권리, 노동에 대하여 정당한 대가를 지불받을 권리, 국가적 혹은 국제적으로 자신들의 생산물의 질에 대한 평가가 공정하게 이루어질 수 있는 시스템에 대한 권리, 지역에 기반한 상업화 시스템을 개발할 권리
제9장(농업 가치의 보호에 대한 권리): 자신들의 문화와 지역 농업 가치를 인식하고 보호할 권리, 지역 농업 지식을 발전시키고 보존할 권리, 지역 농업 가치를 파괴할 수 있는 개입을 거부할 수 있는 권리, 영성이 존경받을 권리
제10조(생물 다양성에 대한 권리): 생물 다양성을 보호하고 보존할

권리, 개별적 혹은 집단적으로 종 다양성을 유지 발전 보존할 권리, 생물 다양성을 위협하는 특허를 거부할 수 있는 권리, 지역사회에 의해서 개발되고 만들어진 재화나 서비스 및 자원과 지식에 대한 지적재산권을 거부할 수 있는 권리, 유전적 종 다양성을 유지하고 보전할 권리, 초국적 농기업에 의해서 만들어진 인증 메커니즘을 거부할 수 있는 권리

제11조(환경 보전에 대한 권리): 깨끗하고 건강한 환경에 대한 권리, 자신들의 지식에 의거해서 환경을 유지할 수 있는 권리, 환경파괴를 야기하는 모든 형태의 개발(exploitation)을 거부할 수 있는 권리, 환경적 위해에 소송을 제기하고 보상을 요구할 수 있는 권리, 생태적 파괴로 인한 손실 · 과거와 현재의 영역 침탈에 따른 손실을 보상 받을 권리

제12조(결사, 의견, 표현의 자유): 결사의 자유, 독립적인 농민들의 조직 · 노동조합 · 협동조합 등 조직이나 결사체를 만들 수 있는 권리, 개별적 혹은 집단적으로 자신들의 지역의 관습 · 언어 · 문화 · 종교 · 예술 등을 표현할 수 있는 권리, 농민들의 주장이나 투쟁을 범죄화 하지 않을 권리, 억압에 저항하고 평화적 행동에 의지할 권리

제13조(사법에 접근할 권리): 농민의 권리침해에 효율적인 구제책에 대한 권리, 주장이나 투쟁으로 처벌받지 않을 권리, 법적인 도움을 받을 권리

유엔 농민권리 선언과 농민의 책무

흔들리는 촛불

새해를 맞이할 때면 항상 희망을 이야기한다. 2018년은 더욱 그러했다. 촛불 혁명으로 탄생한 문재인 정부의 실질적인 원년이었기 때문이다. 2017년의 농정은 박근혜 정부에 의해서 만들어진 정책들을 정리하는 해였기에, 2018년에는 희망의 농정을 만들어 낼 수 있을 것이라고 기대했다. "내년에도 농사짓자"는 수많은 백남기는 농업의 가치와 농민권리, 식량주권이 녹아 들어간 헌법 개정이 2018년에 이루어질 것이라는 희망과 기대를 갖고 새해를 맞이했었다. 문재인 정부가 들어선 이후 출범한 농정개혁위원회가 이를 담아낸 무언가를 내놓을 것으로 기대를 갖는 것도 당연했다.

그러나 농업의 '공익적 기능'이라는 한 마디만 삽입되어 제안된 개헌안은 국회의 문턱을 넘어서지 못했다. 또한, 작년 2월 말 충북에서부터 시작되었던 농정개혁위원회의 전국 순회 공청회는 농민 진영의 의견을 받아들여서 이루어진 만큼 각 지역의 농민들이 기탄없이 의견을 제시하는 의미 있는 자리로 여겨졌지만, 거기까지였다. 엉뚱한 곳으로 새 나가는 것 많은 보조금 중심의 농정에서 직불금 중심의 농정으로 전환해야 한다는 이야기에 대해서는 경쟁력 강화와는 어울리지 않는다는 답변으로, 그동안의 농정에서 배제되어 온 중소 가족농이나 여성 농민을 농정의 중심에 두어야 한다는 주장에 대해서는 농-농 갈등으로 치부하는 답변이 나오기도 했다.

순회 공청회에서는 유엔 인권위원회 이사국으로 참여하고 있는 한국이 박근혜 정부 때와 마찬가지로 '농민권리 선언' 채택에 기권으로 일관하고 있는 것에 대한 질타도 있었다. 당시 차관보는 이에 대한 내용을 파악하고 있지 못하다며 부처 간 협의를 거쳐 긍정적으로 검토하겠다고 답변했지만, 지난 정기국회에서 오영훈 국회의원의 질의를 통해서 확인된 바와 같이 농림축산식품부와 외교통상부 간의 협의도 제대로 진행되지 않았고, 긍정적인 검토도 이루어지지 않았다. 인권이사회의 실무 그룹 논의에서 한 차례도 찬성표를 던지지 않았던 한국은 유엔 총회에서도 기권을 선택했다. 한국의 기권과는 상관없이 지난 12월 17일에 유엔 총회에서 찬성 121개국, 반대 8개국, 기권 54개국으로 통과된 결의안은 농민과 농촌 지역민의 정의에서 시작해서 국가의 일반적 의무, 평등 · 차별금지, 여성 농민과 여성 농촌 지역민의 권리, 개인의 생명권 · 자유권 · 안전권, 적절한 먹거리에 관한 권리 등 개인 및 집단의 자유에 대한 권리를 명시하고 있다.

우리가 유엔의 농민권리 선언에 대해서 주목하는 이유는 현재의 농식품 체계로는 농업과 먹거리의 지속가능성을 담보할 수 없다는 것을 선언에서 명확히 하고 있기 때문이고, 이를 극복하기 위해서 우리 사회가 해야 할 일들을 구체적으로 적시하고 있기 때문이다. 농민만이 주권자가 아님에도 불구하고 농민의 권리를 별도로 선언하게 된 이유는 농민이나 농촌 지역민의 생활이 상대적으로 위기에 처해 있기 때문만은 아니다.

농민권리 선언은 지금의 관행화된 농업 생산방식에 대한 진지한 고민도 요구하고 있다. 녹색혁명형 농업에 따른 화학비료의 확산으로 퇴비 등을 통한 토양 자체의 질소 생성 능력이 파괴되기 시작했고, 정부의 산업적 농업 육성 정책은 이를 더욱 가속화시켰다. 그렇다고 유기농업이 제대로 된 길로 가고 있는 것도 아니다. 산업적 유기농이 관행 농업의 뒤를 잇고 있기 때문이다. 인증이라는 제도가 중심이 되면서 생산과정의 생태적 순환이라는 지향점은 사라졌다. 유기농을 실천하는 농민들이 공동 작업으로 생산했던 퇴비는 산업적 유기농 자재로 대체되었다. 농민이 만든 퇴비는 판매를 목적으로 하는 것이 아니었기에 자본의 입장에서는 제거의 대상, 먹잇감에 불과하게 되었다. 더욱이 농업에 적용된 근대과학은 최적의 수준에서 가용 노동력을 투입하는 방식을 고민하기보다는 노동 투입량 자체를 줄이는 것을 목표로 하였기 때문에 대형기계 중심으로 개발되어 농업도 에너지 다소비형 산업으로 되어 버렸다. 과거 농업이 수행했던 다원적 기능의 상당 부분이 훼손되어 버렸고, 심지어 농업 생산 자체가 생태계를 위협하고, 그 결과가 거꾸로 농업을 위협하는 또 하나의 화살이 되었다.

이런 점에서 농민권리 선언은 자본의 지배에 순응하는 농업으로는 먹거리의 안정적인 생산이나 생태적 지속가능성이 달성 불가능하다는 점을 명확히 하면서, 농민 중심의 농업과 이와 결합된 사회적 생태계를 만들어 가야 할 권리와 책무가 농민에게 있다는 점도 강조하고 있다.

『한국농정신문』(2019. 1. 1)에서 발췌

3. 농민권리 선언과 가족농의 해 10년

2018년 12월 유엔 총회에서 채택된 농민권리 선언은 먹거리의 생산과 소비를 통합적으로 파악하면서 지속가능한 먹거리 체계의 근간은 농민권리 보장을 통해서 만들어진다는 사실을 명확히 하고 있다. 농민권리는 농민의 권리만을 이야기하는 것이 아니라, 농민에게 주어진 책무도 담고 있다. 자본의 지배에 순응하는 농업이 아닌, 농민들의 저항력이 담겨 있는 농업은 사회적 연대를 통해서 가능하다는 점도 중요한 시사점이다. 이 장에서는 농민권리의 내용과 시사점을 살펴본다.

❶ 유엔의 농민권리 선언

비아 캄페시나가 제안한 농민권리 선언이 2018년 12월 17일 유엔 총회에서 채택되기까지에는 많은 우여곡절이 있었다. 그동안 유엔에 제안된 많은 권리 의제들이 공식적인 절차로 이어지지 못하는 경우가 많았다. 유엔의 농민권리 선언이 채택된 배경은 2007~08년의 세계적 식량 위기를 통해서 농업과 먹거리에 대한 사회적 각성이 국제적으로 깊어진 것도 한몫을 했지만, 비아 캄페시나를 비롯한 농민운동 조직과 사회운동 조직이 공동의 작업으로 만들어 낸 성과이기도 하다. 물적 토대의 변화가 단선적으로 상부구조의 변화로 연결되는 것은 아니다. 왜냐하면, 물적 토대의 변화를 계기로 이에 조응하는 주체적 행위를 통해서 역사 발전이 이루어질 수 있기 때문이다. 주체적 행위에 의해서 물적 토대가 변화되는 것은 당연한 진리다. 마찬가지로, 2007~08년의 세계적 식량 위기라는 객관적 상황이 유엔에서 농민권리 선언을 채택하게 만든 결정적 계기는 아니다. 그 결정적 계기는 이전부터 기업이 주도하는 먹거리 체계가 지속가능하지 않다는 주장을 펼쳐 온 시민운동 진영과 농민들이 주도하는 대안 농업 운동이 세계 곳곳에서 다양한 형태로 진행되어 왔다는 데 있다.

2013년부터 유엔에서 다섯 차례에 걸친 실무 그룹 논의를 통해서 최종 제출된 농민권리 선언(The declaration on the rights of peasants and other people working in rural areas: 농민과 농촌에서 일하는 사람들의 권리 선언)은 모두 27조로 구성되어 있는데, 농민과 농촌에서 일하는 사람들의 정의에서 시작해서 국가의 일반적 의무, 평등 · 차별 금지, 여성 농민과 여성 농촌 지역민의 권리, 개인의 생명권 · 자유권 · 안전권, 적절한 먹거리에 관한 권리 등 개인 및 집단의 자유에 대한 권리를 명시하고 있다.

인권이사회의 실무 그룹 논의에서 한 차례도 찬성표를 던지지 않았던 한국은 유엔 총회에서도 기권을 선택했다. 한국은 "선언문을 전반적으로 지지하나, 일부 조항이 국내법 및 국제적 의무와 상충할 수 있다"는 이유로 기권을 선택했다. 한국의 기권과는 상관없이 유엔 총회에서 찬성 121개국, 반대 8개국, 기권 54개국으로 통과되었다. 유엔의 농민권리 선언에서 비아 캄페시나의 핵심적인 주장인 식량주권이 '적절한 먹거리에 대한 권리'로 축소되었다는 한계가 있지만, 적절한 수입과 생계 · 생산수단에 대한 권리, 토지와 기타 천연자원에 대한 권리, 종자에 관한 권리, 생물 다양성에 대한 권리 등 기업 중심의 농식품 체계에서 농기업의 이해와 배치되는 조항들도 다수 포함시키는 성과를 이루었다.

우리가 유엔의 농민권리 선언에 대해서 주목하는 이유는 현재의 농식품 체계로는 농업과 먹거리의 지속가능성을 담보할

그림 3-1. 유엔 농민과 농촌에서 일하는 사람들의 권리 선언
2018년 12월 17일 유엔 총회에서는 '농민과 농촌에서 일하는 사람들의 권리 선언'이 찬성 121개국, 반대 8개국, 기권 54개국으로 통과되었다(한국은 기권).
자료: Via Campesina 홈페이지

수 없다는 것을 선언에서 명확히 하고 있기 때문이고, 이를 극복하기 위해서 우리 사회가 해야 할 일들을 구체적으로 적시하고 있기 때문이다. 도시 지역에도 권리가 제대로 보장되지 못하는 사람들이 많지만, 농민들의 권리를 특정하여 선언문을 채택한 것은 농민들의 권리를 지켜 내는 것이 우리 사회 전체의 지속가능성을 지키는 것이라는 인식에 대한 호응이 있었기에 가능했다. 사람들이 기업적 경영체들에 의해서 농업과 먹거리의 지속가능성이 확보될 수 있다고 생각했다면, 유엔의 농민권리 선언은 탄생되지 않았을 것이다. 따라서 이번에 통과된 농민권리 선언은 무엇을 생산하느냐보다 누가 무엇을 어떻게 생산하느냐의 문제가 더 중요하다는 사실을 다시 한

농민 – 여성과 남성 – 권리 (비아 캄페시나, 2009. 3)	농민과 농촌에서 일하는 사람들의 권리 (유엔 총회, 2018. 12)
제1조 농민(peasants)의 정의	제1조 농민 및 농촌에서 일하는 사람들에 대한 정의
제2조 농민의 권리	제3조 평등과 차별 금지 제4조 여성 농민과 여성 농촌 노동자의 권리 제6조 개인의 생명, 자유, 보장에 대한 권리 제7조 이동의 자유 제10조 참여에 대한 권리 제13조 노동권 제23조 건강에 대한 권리 제24조 적절한 주거에 대한 권리
제3조 생명과 적절한 생활수준에 대한 권리	제14조 일터에서의 안전과 건강에 대한 권리 제15조 먹거리와 식량주권에 대한 권리 제22조 사회보장에 대한 권리
제4조 땅과 영토에 대한 권리	제17조 토지와 기타 천연자원에 대한 권리
제5조 종자와 전통적 농업 지식과 실천에 대한 권리	제19조 종자에 대한 권리
제6조 농업 생산수단에 대한 권리	제16조 적절한 수입과 생계, 생산수단에 대한 권리 제21조 물과 위생에 대한 권리
제7조 정보 및 농업 기술에 대한 권리	제25조 교육과 연수에 대한 권리
제8조 농업 생산에 대한 가격과 시장을 결정할 수 있는 권리	제11조 생산, 마케팅, 유통과 관련한 정보에 대한 권리
제9장 농업 가치의 보호에 대한 권리	제26조 문화권과 전통 지식
제10조 생물 다양성에 대한 권리	제20조 생물 다양성에 대한 권리
제11조 환경 보전에 대한 권리	제5조 자연 자원에 대한 권리와 개발에 대한 권리 제18조 안전하고 깨끗하고 건강한 환경에 대한 권리
제12조 결사, 의견, 표현의 자유	제8조 사고, 의견, 표현의 자유 제9조 결사의 자유
제13조 사법에 접근할 권리	제12조 사법에의 접근
	제2조 국가의 책임 제27조 국제연합과 기타 국제기구의 책임

표 3-1. 비아 캄페시나의 선언과 유엔 선언의 초안 비교

번 명확하게 한 것이라고 할 수 있다.

유엔의 농민권리 선언이 비아 캄페시나가 농민권리에 담아야 한다고 제안한 모든 내용을 포괄한 것은 아니다. 초국적 농기업의 이해와 대립되는 종자 등 민감한 부분은 빠져 있다. 그럼에도 불구하고 비아 캄페시나가 농민권리 선언을 의제화하면서 유엔 농민권리 선언을 성사시키는 것보다 공론화 과정을 통해 사회적 공감과 지지를 끌어모으는 계기로 삼았다는 것은 시사하는 바가 크다.

한편, 유엔의 농민권리 선언이 채택된 1년을 기념해서 유엔 인권 전문가들은 공동 성명서를 발표했다. 이 공동 성명서는 "유엔의 농민권리 선언을 이행하는 것은 수십 년 동안 농민과 농촌에서 일하는 사람들에게 끼쳐 온 역사적 불이익과 제도적 폭력 및 여러 형태의 차별을 바로잡기 위한 선례를 세우는 특별한 기회"로 규정하고 있다. 특히 농민권리 선언의 이행에 있어서 농민과 농촌에서 일하는 사람들을 단지 차별의 관점에서 피해자로서가 아니라 변화의 주체이자 근본적인 행위자로서 인정할 것을 요구하고 있다. 또한 선언에 명시된 권리 담지자들은 자신들의 삶과 땅, 자원, 생활에 영향을 줄 수 있는 모든 의사 결정 과정에 참여할 수 있어야 하며, 국가는 이를 존중하고 지원해야 한다고 밝히고 있다. 또한, 농민권리의 이행에 있어서 농민의 종자 체계를 지원하고, 농민의 종자와 농생명 다양성 이용을 증진하며, 농업과 어업을 위한 수자원의 보장 등을 다시 강조하고 있다.

❷ FAO의 '2014 가족농의 해'와 '가족농의 해 10년 (2019~28)'

또 하나 의미 있게 살펴봐야 할 점은 유엔 FAO(유엔 식량농업기구)가 '2014 가족농의 해'를 선포했고, 이어서 2017년에는 '가족농의 해 10년(2019~28)'을 선포했다는 점이다. 식량안보를 이야기하면서 먹거리의 자유무역을 지지하고, 농업 과학기술을 이야기하면서 초국적 농식품 복합체의 농업 지배를 응원해 왔던 FAO가 농민의 권리와 농업의 가치에 대하여 관심을 갖기 시작했다는 점이다. FAO는 가족농을 ① 가족(단수 또는 복수)에 의해 경영되고, 주로 가족노동에 의해 경영이 이루어지며, ② 보유하고 있는 자원(특히 토지)에 한계가 있고, 지속가능한 생활을 유지하기 위해서는 높은 수준의 총 요소 생산성이 필요하며, ③ 자신의 농토에서 얻는 소득에만 의존하지 않기 때문에 소득의 다각화를 통해 경영의 안정화에 이바지하며, ④ 생산 · 소비 양면의 경제단위이면서 농업 노동력의 공급원이라는 특징을 가진 것으로 파악하고 있다. 본원적 축적을 통한 노동자계급의 창출로 시작된 자본주의 역사는 농민들을 농지로부터 몰아내는 역사로 점철되어 있지만, 여전히 농민은 흔들리지 않고 땅을 지켜 왔다는 것, 그리고 지속가능한 먹거리의 생산은 농민들에 의해서 가능하다는 거스를

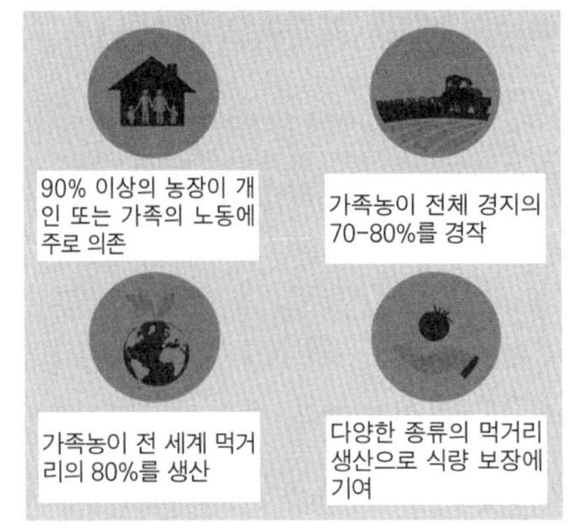

그림 3-2.
FAO의 '2014 가족농의 해'
출처: FAO

수 없는 진리가 FAO가 '가족농의 해'를 선포하게 했다고 할 수 있다.

FAO는 2017년 말에 2019~28년을 '가족농의 해 10년'으로 선포하면서 정책 단위의 중요 실천 사항들을 제시하였다. 그 내용에 자본에 대한 규제 사항 등을 담아내지 못한 것은 유엔이 가지고 있는 한계이기도 하지만, 농민권리 선언이 담고 있는 내용과 연계되는 구체적인 실행 사항들을 적시하고 있다는 점에서 참고할 필요가 있다. 가족농을 강하게 만드는 정책 환경 창출, 젊은 농민에 대한 지원과 가족농의 세대 간 지속가능성 확보, 양성평등의 진전과 농촌 여성의 지도력 향상, 농민들의 조직 강화와 도농 연계 등의 증진, 가족농의 사회경제적 포용력과 회복력 및 삶의 질 향상, 기후변화에 적응하는 가족농의 지속가능성 증진, 사회를 혁신하는 가족농의 다면

1. 가족농을 강하게 만드는 정책 환경 창출
2. 젊은 농민에 대한 지원과 가족농의 세대 간 지속가능성 확보
3. 농가 내 양성평등의 진전과 농촌 여성의 지도력 향상
4. 농민들의 조직과 지식 창출 능력을 강화하고, 농민들의 이해를 대변하고, 도농 연계에서 포괄적인 서비스 제공
5. 농민, 농가, 공동체의 사회경제적 포용력과 회복력 및 삶의 질 향상
6. 기후변화에 적응하는 농민의 지속가능성 증진
7. 생물 다양성, 환경 및 문화를 보호하는 영역의 발전과 먹거리 체계에 기여하는 사회적 혁신을 촉진하기 위해서 농업의 다면성 강화

그림 3-3. FAO의 "가족농의 해 10년(2019-2028)" 채택
출처: FAO

성 강화 등을 실천 사항으로 제시하고 있다.

유엔에서 농민권리 선언이 채택되고, 가족농의 해가 선포되었다는 것은 자본-임노동 관계를 기본으로 하는 자본주의 사회의 일반적 경제법칙이 농민 · 농업에 대해서 작동하지 않는다는 특수성을 국제적 차원에서 인정한 것이라고 할 수 있다. 자본주의 시장경제의 전면적인 확산에도 불구하고 자본-임노동 관계에 직접 포섭되지 않고, 자신의 생산수단과 노동력을 주로 사용하면서 자신의 생활을 유지해 오고 있는 농민들을 중심에 둔 지속가능한 먹거리 체계가 시민권을 얻었다는 점에서 의의가 크다. 본래부터 농민의 것이었던 것이 무엇이고 빼앗긴 것이 무엇인지가 명확하게 되었다는 점에서, 또한 농민들이 빼앗긴 것을 다시 찾으려는 운동의 진지가 마련되었다는 점에서도 큰 의미가 있다.

농민, 독립 자영농민, 농업 자본가

영농 활동에 종사하면서 생활을 이어 가는 사람들을 일반적으로 농민이라고 일컫지만, 그 내부를 들여다보면 상황이 간단치 않다.

자본주의는 기본적으로 자본-임노동 관계에 바탕을 둔 사회이다. 자본주의가 탄생한 이후 자본-임노동 관계의 확산이 대다수 산업 부분에서 이루어졌지만, 농업의 경우에는 자신의 토지를 자신과 가족의 노동력을 이용하여 경작하는 농민들이 여전히 다수를 차지하고 있다. 이들 농민들은 자본주의가 형성되기 전부터 땅을 경작해 왔고, 자본주의 사회로 들어서면서 토지의 사적 소유를 바탕으로 자신의 농토를 확보해서 농사를 짓게 되었다는 면에서 분할지 소유 농민, 혹은 독립 자영농민이기도 하다. 자신의 땅에서 자신의 노동으로 생활을 영위하는 농민은 자본의 지배를 직접 받는 노동자와는 달리, 주체적인 활동을 자존감을 갖고 실천해 왔다. 그러나 농업도 자본주의의 직접적인 지배에 들어가면서 시장의 경쟁을 매개로 농민들 중 일부는 농업 자본가로, 또 다른 일부는 농업 노동자의 길을 걷기도 했다. 마르크스가 농민을 결국은 역사 속에서 사라질 존재로 봤던 이유이기도 했다. 그러나 가족농 혹은 농민으로 일컬어지는 주체들은 자본에 대한 저항력을 키우고, 대안을 끊임없이 모색하면서 전 세계 먹거리의 80% 이상을 생산하고 있다. 여전히 농민은 저항력을 키우면서 스스로의 재생산을 유지하고 있다. 독립 자영농민의 유지는 자본주의 시장 자체에서 만들어지는 것이 아니라, 자영농민 스스로의 저항력, 새로운 대안의 모색 등을 통해서 가능하다.

❸ 농민권리 선언과 가족농의 해에 담긴 농업의 가치

앞에서 언급한 바와 같이, 유엔에서 농민권리 선언을 채택한 이유는 농민이나 농촌에서 일하는 사람들의 생활이 상대적으로 위기에 처해 있기 때문만은 아니다. 도시 지역에도 권리가 제대로 보장되지 않는 사람들이 많지만, 농민들의 권리를 특정하여 선언문을 채택한 것은 농민들의 권리가 농업, 농촌의 지속가능성뿐만 아니라, 우리 사회 전체의 지속가능성을 지키는 것이라는 인식 때문이다. 인간이 살아가는 데 있어서 가장 기본적인 조건인 먹거리를 해결하는 기능을 수행한다는 이유만으로 농업의 가치를 이야기한다면, 인간의 다양한 필요를 충족하기 위해서 이루어지는 모든 생산 활동은 나름의 가치를 이야기해야 할 것이다. 그럼에도 불구하고 농업의 가치만을 이야기하는 이유는 어디에 있을까?

타인의 노동력을 상품으로 구매하여 이루어지는 자본주의적 생산과정은 이윤을 직접적인 목적으로 이루어지지만, 우리 사회에서 먹거리를 생산하는 대다수의 농민은 이윤이 아닌 소득을 얻기 위해 영농을 한다. 이윤을 얻기 위한 수단으로서의 영농과 소득을 얻기 위한 영농의 가장 큰 차이는 타인 노동의 착취에 주로 의존하느냐, 그렇지 않느냐에 있다. 농업의 경우,

스스로가 지주이면서 차지농이고, 농업 노동자이기도 한 농민이 농업에서 차지하는 비중은 여전히 압도적으로 높다. 이런 농민들이 각자의 주체적 의지에 따라서 생산계획을 세우고 노동하며, 자연에 존재하는 자원과 생명체들과의 직접적인 관계를 통해서 생산한다. 이런 사실은 공업 생산과 대비해 보면 명확한 차이가 존재한다.

농업의 가치는 이런 점에서 무엇을 생산했느냐에 의해서 판단되는 것이 아니다. 안전한 농산물에 대한 사회적 수요가 높다고 해서 자본주의적 기업농에 의해서 생산된 안전한 농산물이 농업의 가치를 담보하고 있다고 할 수 없기 때문이다. 그 이유는 결과물만이 안전할 뿐, 생산과정은 자본이 농업을 지배해 온 방식과 동일하기 때문이다. 식물 공장의 클린 설비에서 생산된 농산물이 농업의 가치를 담고 있다고 할 수 없는 것도 이 때문이다. 우리가 농업의 가치를 이야기할 때에는 누가, 어떻게 생산했느냐가 중요하다.

우리가 농업의 가치를 이야기하는 이유는 감성적인 목가적 형태의 영농을 옹호하기 위해서가 아니다. 자본이 지배하는 상황에서 자본에 길들여진 영농 방식에서 벗어나고자 하는 문제의식에서 농업의 가치를 이야기하는 것이다. 자본주의 사회에서 자본에 대항하는 영농을 유지하는 것은 쉬운 일이 아니다. 그런 면에서 우리가 만들어야 할 농업의 가치는 하나의 완성된 그림이 아니라, 자본의 농업 지배에 대한 대항력을 농민권리의 확보를 통해서 끊임없이 만들어 가는 과정이라고 할 수 있다.

따라서 자본주의 사회에서 농업에 종사하는 농민들이 사회적 · 경제적 약자이기 때문에 이에 대한 배려와 보호의 의미에서 농민권리를 주장하는 것이 아니다. 농민만이 권리의 담지자가 아님에도 불구하고 농민에게만 별도의 권리를 보장하는 조항이 필요한 객관적 근거는 자본주의 사회를 특징짓는 생산관계, 즉 자본-임노동 관계를 기본으로 하는 자본주의 사회의 일반적 경제법칙이 농민 · 농업에 대해서 그대로 작동하지 않는다는 특수성에 있다.

땅을 매개로 한 농민들의 생산 활동은 지역사회의 유지와 맞물려 있고, 이것이 국토 환경의 유지 발전과 연결되어 있고, 국민들의 먹거리와 직접 관련되어 있다는 특성을 갖고 있다. 더욱이 농민들이 생산한 농산물의 가격 결정 메커니즘은 자본주의 시장경제에서 농민에게 불리하게 작동하고, 농민의 생산 활동 공간이면서 정주 공간인 농촌은 자본의 공격으로 항상 위협받고 있고, 여기에 공권력조차 자본의 편에 서게 만든 법체계가 농민들을 위협하고 있다. 농민권리는 이 부당함을 바로잡고자 하는 것이지, 국가나 사회로부터 보호나 배려라는 은전과 시혜를 요구하는 것이 아니다. 자본-임노동 관계를 기반으로 운영되는 농기업, 타인의 노동에 주로 의존하는 농기업의 권리, 식물 공장의 권리를 이야기하지 않는 것도 이 때문이다. 자본주의 사회의 논리는 기본적으로 자본(가)의 논리이고, 따라서 이들의 권리는 따로 주장하지 않더라도 이미 보호받고 있다. 땅을 비롯한 자연환경과의 생태적 순환 관계를 바탕으로 하는 농업 생산을 위해 자신의 노동에 주로 의존해 온 주체가 농민이기에 이를 권리로서 보호해야 한다는 것이 농민권리의 핵심이라고 할 수 있다. 따라서 농민권리와 농업의 가치는 별개로 존재하는 것이 아니다. 농민이 권리의 담지자로서 인정되어야 하고, 그 활동(농업)과 공간(농촌)도 권리로 인정되어야 한다. 그 속에서 자본이 깨우쳐 준 농업의 가치는 농민권리에 의해서 회복될 수 있을 것이다.

❹ 농민권리가 말하는 농업의 교훈

농민권리는 농업 활동에 종사하는 모든 주체의 권리를 말하는 것은 아니다. 자본-임노동 관계를 기반으로 운영되는 농기업, 타인의 노동에 주로 의존하는 농기업, 그래서 소득이 아닌 이윤을 얻기 위해 운영되는 농기업의 권리를 이야기하는 것은 아니다. 중요한 것은 무엇을 생산하느냐가 아니라, 누가 어떻게 생산하느냐의 문제라고 할 수 있다. 농업 생산을 타인 노동의 착취에 의존하기보다는 자신의 노동에 주로 의존해 온 주체가 농민이고, 이런 농민이 농업 생산의 지속가능성을 확보하도록 하고, 그 활동(농업)과 공간(농촌)이 권리로 인정되어야 한다는 점이 농민권리 선언이 주장하는 내용이다.

또한 시장이라는 메커니즘이 효율적으로 달성할 수 없는, 근대경제학에서 말하는 시장의 실패가 항상적으로 발생할 수밖에 없는 농업 생산에 시장이라는 잣대만 들이밀지 말라는 것이 농민권리가 주장하는 부분이기도 하다. 더 직접적으로는 기업적 경영체에 농업을 맡길 생각은 버리라는 것이 농민권리가 주장하는 부분이다. 한국에서도 우루과이라운드로 농산물 수입 개방이 전면화 될 때, 정부가 내세운 농업 대책은 '규모화'였다. 규모화를 통해서 가격 경쟁력을 확보하겠다는 것이었고, 이는 결국 기업농 육성 정책이었다고 할 수 있다. 이런 정책이 펼쳐진 지 30년 가까이 되었지만, '규모화' 정책을 통해서 성공했다는 농가는 거의 없다. 가끔 억대 농부라는 제목으로 방송에 소개되는 사례도 특정 품목의 재배를 통해서 틈새시장을 활용한 경우가 대부분이다. 선택과 집중이라는 구호를 내걸고 거기에 쏟아 부은 정책 자금은 농가가 아닌 투입재 업체와 토목 업체에게 돌아갔다.

개방화와 규모화의 외압 속에서도 농민들은 자본주의적 혹은 기업적 경영체로 구조화되지 않았고, 규모화와 산업화 농정의 사각지대에서 농민들은 항상 퇴출 대상으로 간주되어 왔음에도 농업을 지킬 수 있었던 것은 농사와 연결된 수많은 존재들을 적절하게 사용하는 지혜를 발휘하여 균형을 조정하면서 영농을 해 왔기 때문이다. 시장이나 자본-임노동 관계가 영농을 통제하려고 할 때도 농민은 더욱 생산적인 배치를 통해 대항하고, 그렇게 함으로써 자율성과 자기통제의 여지를 더 많이 가질 수 있었기에 살아남을 수 있었다. 농민들은 지배당하지 않는 기술에 능통하고, 이것이 바로 농민들이 자본에 저항하는 힘의 원천이라고 할 수 있다. 만일 우리의 농민들이 자본주의적 기업농이 하는 방식대로 농업 환경의 변화에 대응했다면, 농민들의 상당수는 이미 소멸되어 버렸을 것이다.

이런 점에서 농민권리는 자본의 지배에 순응하는 농업으로는 먹거리의 안정적인 생산이나 생태적 지속가능성이 달성 불가능하다는 점을 명확히 하면서도, 농민들에게는 자본에 저항하는 농민 중심의 농업과 이에 결합된 사회적 생태계를 만들어 가야 할 책무가 주어져 있다는 점도 함의하고 있다. 자본주의 사회에서 자본에 저항하는 영농을 유지하고 발전시키는 것이 쉬운 일은 아니기에 산업적 농업의 지배가 강고한 상태에서 농민들의 저항력은 많이 훼손되었지만, 산업적 농업으로 인한 폐해가 농민뿐만 아니라 모든 사람에게 폐해로 돌아오는 상황에서 우리 농업의 희망은 농민이 주도하는 저항력에서 찾아야 한다. 농민들은 오랜 기간 동안 자신이 가지고 있는 다양한 형태의 체화된 자원들을 활용해서 포괄적인 형태로 대응해 온 감춰진 잠재력과 저항력을 갖고 있다.

농민권리의 회복은 또 다른 한편에서 농업의 가치를 회복시킬 책임을 농민에게 요구한다. 농민권리는 개별적 존재로서의 농민권리가 아니라 사회적, 집단적, 계급적 존재로서의 자각을 농민에게 요구한다. 자본과의 대항 과정에서 '농업의 악순환'에 대한 집단적 각성이 필요한 이유다. 자본이 농업의 가치를 파괴한 전철을 농민들이 밟고 있지는 않은지에 대한 성찰도 필요하다.

또 하나 우리가 명확히 해야 할 것은 농민권리 선언의 출발이 비아 캄페시나의 식량주권 운동이고, 식량주권 운동의 문제의식은 녹색혁명형 농업에 대한 깊은 각성에 바탕을 두고 있다는 점이다. 제3자 인증 체계의 친환경 농업처럼 농민을 대상화하고, 실질적으로는 녹색혁명형 농업과 하등 다를 바 없는 투입 자재 중심의 산업적 유기농의 틀 속에서는 진정한 의미의 녹색혁명 극복은 불가능하므로, 비아 캄페시나는 "농생태 없이는 식량주권도 없다(No Agroecology, No Food Sorverignty)"고 단언한다. 농민권리 선언은 자본의 지배에 순응하는 농업으로는 먹거리의 안정적인 생산이나 생태적 지속 가능성이 달성 불가능하다는 점을 명확히 하면서, 농민 중심의 농업과 이에 결합된 사회적 생태계를 만들어 가야 할 권리와 책무가 농민에게도 있다는 점을 강조하고 있다. 이런 점에서 농민권리는 저항력을 회복하기 위한 농민 스스로의 노력과 책임도 강조하고 있다고 할 수 있다. 산업적 농업의 폐해를 극복하기 위한 농민권리 선언인데, 농민의 영농 방식이 산업적 농업 방식과 동일해서는 사회적 동의를 얻기 힘들다. 생태적 농업에 대한 고민도 함께 해야 하고, 지역사회와 공동체에 대한 기여에 대해서도 고민해야 한다는 점을 농민권리 선언은 강조하고 있다. 농민권리는 농촌에서 일하는 사람들 — 여성 농민, 농촌 노동자, 이주 노동자 등 — 의 권리도 이야기하고 있다. 우리 농업의 절반 이상을 담당하고 있는 농민임에도 불구하고 농가라는 틀 속에 갇힌 채 투명인간으로 되어 버린 여성 농민의 권리, 인권의 사각지대에 빈번하게 노출되는 이주 노동자의 권리에 대해서도 관심을 가져야 한다는 점을 농민권리 선언은 이야기하고 있다.

❺ 농민권리와 함께하는 푸드 플랜

현재의 먹거리 체계를 개혁하기 위한 노력을 농민에게만 요구하지 말라는 것이 농민권리 선언이 담고 있는 내용이기도 하다. 자본에 의해서 망가진 농업의 가치는 공적 영역과의 결합을 통해서 회복되어야 하고, 회복될 수밖에 없다. 그 이유는 먹거리가 갖고 있는 공공적 특성이고, 농업 생산이 실천할 수 있는 다원적 기능, 공익적 기능이 있기 때문이다.

농민이 농민으로서 살아남는 것도 중요하지만, 어떻게 그리고 무엇을 통해서 저항하며 살아남는가가 더 중요하다. 농민들의 저항력을 확장하기 위해서는 유엔의 농민권리 선언 채택 결의안 통과를 계기로 사회적 영역과의 연결 고리를 보다 강화할 필요가 있다. 농민권리의 보장이 농민만의 권리가 아닌, 모든 주체들의 권리를 보장하는 것이라는 사회적 인식을 확산하는 노력이 함께 필요하다. 이를 위해서는 첫째, 보다 폭넓은 사회운동 진영과의 결합을 위한 의제를 만들어 낼 필요가 있다. 초기의 식량주권 운동은 농민의 생산과 관련되어 한정적인 의미를 갖고 있었지만, 식량주권의 중심에 먹거리와 농업이 함께 자리 잡았다는 경험은 매우 중요하다. 이는 농민운동과 사회운동의 결합을 통한 사회적 의제화가 앞으로도 중요한 사항이라는 점을 보여 주고 있다. 둘째, 먹거리 보장을 위한 대안 패러다임(식량주권)과 농민권리에 대한 보다 광범한 이해의 확산이 필요하다. 식량주권이라는 용어는 보호주의에 호소하는 것처럼 보이기 때문에 국가에게 부과된 역할로서만 인식될 수도 있지만, 주권으로서 먹거리의 독자성을 존중하는 의미를 내포하고 있다. 먹거리와 관련한 다양한 사회운동 — 생태, 복지, 지역 — 이 농민운동과 구체적으로 결합되어야 식량주권의 구체성도 확보될 수 있을 것이다.

저항력은 연대를 통해서 강고해질 수 있다. 다행히 최근 우리 농민들의 저항력을 회복시킬 수 있는 일단의 계기들이 마련될 조짐을 발견할 수 있어 그나마 다행이다. 흔히 푸드 플랜으로 일컬어지는 먹거리 전략에 대한 논의가 국가 차원 및 지역 차원에서 활발하게 진행되고 있다. 과거 농정의 핵심이라고 할 수 있는 지역별 주력 품목 육성과 맞물린 규모화 정책을 완전히 포기한 것은 아니지만, 그동안 농정의 사각지대에 있던 중소 규모의 농민들이 푸드 플랜을 통해서 지역의 먹거리를 책임지는 핵심 주체로 나설 수 있는 계기가 마련되고 있다는 점에서 의미 있는 정책이라고 할 수 있다. 지역 내 신뢰와 순환, 상생 체계의 구축은 생태적 농업의 활성화로 연결될 수 있다는 점에서도 긍정적으로 평가할 수 있다. 속임수라는 유혹에 약한 인증 대신 신뢰를 바탕으로 한 관계 시장을 만들 수 있는 계기가 될 수 있기 때문이다. 더욱이 지역 단위 푸드 플랜 사업에 먹거리 사각지대를 해소하기 위한 공공 급

먹거리 정의(food justice)

먹거리 정의 의제는, 적절한 먹거리의 부족 현상은 적절한 분배와 사회적 평등이 보장된다면 극복될 수 있는 것으로 보고, 공정한 분배 체계의 수립의 중요성을 강조한다. 평등과 반차별 원칙에 근거하여 먹거리와 관련된 다양한 비정의(injustice)를 생산, 분배, 유통, 소비, 건강, 환경 등 다양한 측면에서 파악하고, 이에 대한 개혁을 주장한다.

식의 확대가 이루어지면 먹거리 기본권도 강화될 수 있을 것이다. 사회적 소외 계층의 먹거리 접근이 보다 수월해지면 먹거리 결핍으로 인한 영양상의 문제뿐만 아니라, 훼손된 인간의 존엄성도 회복할 수 있을 것이다.

농민권리 선언을 계기로 자본의 지배에 순응하는 농업으로는 먹거리의 안정적인 생산이나 생태적 지속가능성이 달성 불가능하다는 점이 명확하게 된 만큼, 농민 중심의 농업과 이와 결합된 사회적 생태계를 만들어야 할 것이다.

유엔의 농민과 농촌에서 일하는 사람들의 권리 선언 전문

유엔 총회는,

자유, 정의 그리고 세계 평화의 기초로서 모든 인류의 천부적 존엄성과 가치 그리고 평등하며 양도 불가능한 권리를 인정하는 유엔 헌장에 명시된 원칙을 상기하고,

세계인권선언, 인종차별철폐협약, 경제적 · 사회적 · 문화적 권리에 관한 국제 규약, 시민적 · 정치적 권리에 관한 국제 규약, 여성차별철폐협약, 아동권리협약, 모든 이주 노동자와 그 가족의 권리 보호에 관한 국제협약, 국제노동기구 및 기타 유관 국제기구에 의해 세계적 또는 지역적 수준에서 채택된 관련 규약에 명시된 원칙을 고려하며,

발전권은 모든 인권과 근본적 자유가 완전히 실현될 수 있는 경제적, 사회적, 문화적 그리고 정치적 발전에 모든 인간과 인류가 참여하고, 기여하며, 이를 누릴 수 있도록 보장하는 양도 불가능한 인권이라는 점과 발전에 관한 권리 선언을 재확인하고,

유엔 원주민 권리 선언 또한 재확인하며,

더 나아가 모든 인권은 보편적이며, 분리할 수 없으며, 상호 연관되어 있고, 상호 의존적이면서 상호 보완적이며, 반드시 공정하고 공평한 방식으로, 같은 토대에서 같은 중요도로 다뤄야 한다는 점을 재확인하고, 특정 권리를 증진하고 보호한다고 해서 다른 권리를 증진하고 보호할 국가의 권리가 면제되는 것이 아님을 상기하며,

농민과 기타 농촌 노동자가 거주하고 생계유지를 위해 의존하

는 토지, 물 그리고 자연과 농민 및 농촌 노동자 사이의 특수한 관계와 상호작용을 인지하고,

농민과 농촌 노동자가 과거, 현재 그리고 미래에 이르기까지 인류 발전과 전 세계 식품 및 농업 생산의 기반을 구성하는 생물 다양성을 보존하고 개선하는 데 기여한 점, 그리고 2030 지속가능 발전 의제 등 국제적으로 합의한 발전 목표를 달성하는 데 핵심인 적절한 먹거리에 대한 권리와 식량안보에 대한 권리를 보장하는 데 기여했다는 점 또한 인지하며,

농민과 농촌 노동자가 빈곤, 기아 그리고 영양실조로 인해 더 많이 고통 받고 있음을 우려하고,

농민과 농촌 노동자가 환경 파괴와 기후변화로 인해 발생하는 문제로부터 고통 받고 있다는 점 또한 우려하며,

더 나아가 전 세계의 농민 인구 고령화와 고된 농촌 생활 및 농촌의 부족한 이점으로 인해 점점 더 많은 청년이 농업을 등지고 도시로 이주한다는 점을 우려하고, 특히 농촌의 청년들을 위해 농촌의 경제구조 다양화와 농업 외 소득 기회 창출의 필요성을 인지하며,

매년 점점 더 많은 수의 농민과 농촌 노동자가 강제로 삶의 터전을 잃거나 이주한다는 점에 경각심을 가지고,

또한 일부 국가에 거주하는 농민의 높은 자살률에 경각심을 가지며,

여성 농민과 농촌 여성이 화폐가치화 되지 않은 경제 부문 활동 등을 통해 가족의 경제적 생존을 위해 중요한 역할을 하고 농촌 및 국가 경제를 위해 기여하고 있음에도 불구하고 이들에게 토지 사용권 및 소유권을 비롯해 토지, 생산 자원, 금융 서비스, 정보,

고용 또는 사회보장에 대한 동등한 접근권이 주어지지 않으며, 때로는 이들이 다양한 형태와 방식으로 나타나는 폭력 및 차별의 피해자가 된다는 점을 강조하고,

또한 아동 권리 증진 및 보호와 관련된 인권 의무에 따라 빈곤, 기아 및 영양실조 퇴치, 교육 및 건강의 질 증진, 화학물질 및 폐기물에 대한 노출에서 보호 그리고 아동노동 근절 등을 통해 아동의 권리를 증진하고 보호하는 것의 중요성을 강조하며,

더 나아가 영세 어민 및 어업 노동자, 목축민, 임업인 및 기타 지역공동체를 포함한 농민 및 농촌 노동자가 목소리를 내고, 그들의 인권 및 토지 소유권을 지키고, 그들이 의지하는 천연자원의 지속가능한 사용을 보장하는 것을 어렵게 만드는 요소가 여럿 있다는 점을 강조하고,

농민들의 토지, 물 그리고 종자 및 기타 천연자원에 대한 접근이 점점 어려운 도전 과제가 되고 있다는 점을 인지하며, 생산 자원에 대한 접근권 개선과 적절한 농촌 발전에 대한 투자의 중요성을 강조하며,

자연적인 과정과 순환을 통해 적응하고 재생산하는 생태계의 생체 자연적 능력을 존중하는 것을 비롯해 많은 국가와 지역에서 어머니 대지라고 부르는 자연을 지지하고, 자연과 조화를 이루는 지속가능한 농업 생산방식을 촉진하고 실천하려는 농민 및 농촌 노동자의 노력이 지지를 받아야 한다는 점을 확신하고,

세계 곳곳에서 수많은 농민과 농촌 노동자가 일하고 있는 위험하고 착취적인 노동 환경이 존재하며, 이러한 환경에서 그들은 일과 관련해 기본적인 권리를 행사할 기회를 빈번히 거부당하고 그들을 위한 생활임금 및 사회적 보호가 결여되어 있다는 점을 고려하며,

토지와 천연자원을 기반으로 일하는 사람들의 인권을 증진하고 보호하는 개인, 단체 및 기관들이 자신의 신체적 안위를 위협 및 침해 받을 수 있는 다양한 형태의 위험에 직면하고 있다는 점을 우려하고,

농민과 농촌 노동자가 많은 경우 폭력, 학대, 착취에 대한 즉각적인 배상 또는 이로부터 보호를 받고 싶어도 이를 위해 법원, 경찰관, 검사 및 변호사에게 접근하기 어렵다는 점을 주목하며,

인권의 향유를 저해하는 먹거리에 대한 투기, 식량 체계의 심화하는 집중화와 불균형적 분배 그리고 가치 사슬 내 불균등한 역학 관계를 우려하고,

발전권은 모든 인권과 근본적 자유가 완전히 실현될 수 있는 경제적, 사회적, 문화적 그리고 정치적 발전에 모든 인간과 인류가 참여하고, 기여하며, 이를 누릴 수 있도록 보장하는 양도 불가능한 인권이라는 점을 재확인하며,

두 개의 국제인권규약의 관련 조항에 따라 모든 천연의 부와 천연자원에 대한 완전한 주권을 사람들이 행사할 수 있는 권리에 대해 상기하고,

식량주권의 개념이 수많은 국가와 지역에서 그들의 식량 및 농업 체계를 규정할 권리와 인권을 존중하는 생태적으로 올바르고 지속가능한 방식을 통해 생산된 건강하고 문화적으로 적절한 식량에 대한 권리를 명시하기 위해 사용되고 있다는 점을 인지하며,

다른 개인과 자신이 속한 지역공동체에 대한 의무가 있는 개인은 본 선언문과 국내법에서 인정하는 권리를 증진하고 준수할 책임이 있다는 점을 인지하며,

문화적 다양성 존중과 관용, 대화 및 협력 촉진의 중요성을 재

확인하고,

국제노동기구의 노동 보호와 양질의 일자리에 관한 광범위한 협약 및 권고 사항을 상기하고,

생물다양성협약과 생물다양성협약 부속 유전자원에 대한 접근 및 공평하고 공정한 이익 공유에 관한 나고야 의정서 또한 상기하며,

더 나아가 식량권, 토지 사용권, 천연자원에 대한 접근권과 식량과 농업을 위한 식물 유전자원에 관한 국제조약, 국가 식량 보장 차원의 토지, 어장 및 삼림 사용권에 대한 책임 있는 거버넌스에 관한 자발적 가이드라인, 식량 보장과 빈곤 퇴치 차원의 지속가능한 소규모 어업을 지키기 위한 자발적 가이드라인과 국가 식량 보장 차원의 적절한 먹거리에 대한 권리의 점진적 실현을 지원하는 자발적 가이드라인에서 다루는 여타의 농민의 권리에 대한 유엔식량농업기구 및 세계식량안보위원회의 방대한 작업을 상기하고,

농지개혁과 농촌 발전에 관한 국제회의의 결과와 당시 채택된 농지개혁과 농촌 개발을 위한 국가 차원의 전략 수립과 그것의 전반적 국가 발전 전략과의 통합의 필요성을 강조했던 농민 헌장을 상기하며,

본 선언문과 관련 국제 협정은 인권 보호 강화의 관점에서 상호 보완적일 것임을 재확인하고,

점증하고 지속적인 국제 협력과 연대의 노력을 통해 인권 실현에 상당한 발전을 이루려는 관점을 가지고 국제사회의 헌신 속에 앞으로 나아가고자 결의하며,

농민과 농촌 노동자의 인권을 더욱 보호하고, 이 문제에 관한 기존의 국제 인권 규범과 기준을 일관되게 해석하고 적용할 필요성이 있다고 확신하며,

선언문을 채택한다.

제2부

한국의 대안 농식품 운동과 푸드 플랜

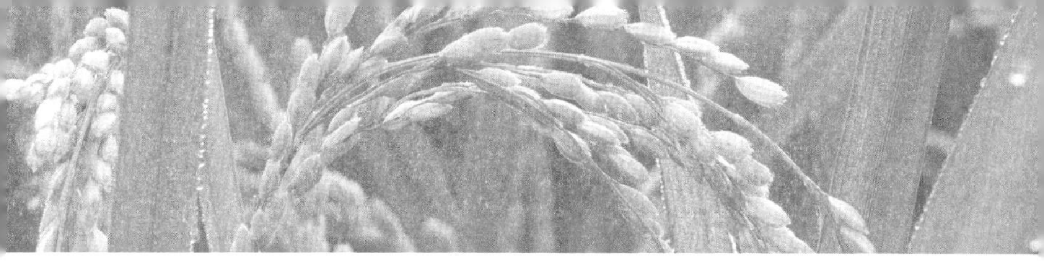

4. 위기의 한국 농업과 먹거리

일제의 패망과 함께 맞이한 해방 공간은 새로운 전기를 만들어 낼 수 있는 계기가 될 수 있었지만, 분단은 그 희망을 한순간에 앗아 갔다. 일제하에서 식량 반출 기지의 역할을 했던 조선은 해방 이후에도 식량 부족 문제를 겪게 되었고, 이로부터 국내 생산의 확대라는 근원적인 정책보다는 미국의 잉여농산물에 의존하는 체계가 만들어졌다. 이로 인해 한국의 농식품 체계는 미국 중심의 먹거리 체계와 초국적 농식품 복합체가 지배하는 먹거리 체계로 요약되는 세계 농식품 체계로 편입되는 과정을 겪게 된다. 미국 중심의 먹거리 체계란 미국 주도의 세계무역 질서를 바탕으로 한 농산물 무역 체계이면서, 포디즘에 입각한 대규모 단작, 농자재의 외부 조달 체계이며, 녹색혁명이라는 이름하에 이루어진 생명 파괴형 농업이다. 해방 이후 한국 농업은 농민들의 자기 결정권과 자율성이 상실되고, 순환의 체계에 입각한 영농 체계가 무너지고, 농촌의 공동체성이 파괴되고, 먹거리의 신뢰도 깨지는 길을 걸어왔다고 할 수 있다. 이 장에서는 위기에 처한 한국의 농업과 먹거리가 걸어온 궤적과 위기의 실상을 살펴본다.

❶ 잉여농산물 원조로 시작된 세계 농식품 체계 편입

해방 후 들어선 미군정기(1945~48)의 경제정책 기조는 일제 말기 전시체제 하의 통제적인 요소들을 걷어 내고, 자유 시장 여건을 빠르게 조성하는 것이었다. 해방 후 두 달도 되지 않은 시점에서 미군정 당국은 양곡 배급제를 철폐하고, 양곡 자유 시장을 개설했다. 그러나 자유 시장이 기능할 수 있는 물적 조건이 갖추어지지 않은 상태에서 급하게 이루어진 정책인 까닭에 시장에서 거래되는 양곡은 턱없이 부족했다. 일제의 식량 수탈에서 벗어났는 데도 불구하고 국내의 식량 사정이 이처럼 악화된 원인을 당시의 사회적인 혼란과 해외 동포의 귀환이나 북한민의 남하 등에 따른 인구 증가에서 찾기도 하지만, 해방 후에도 일본으로 막대한 양의 쌀이 밀반출되었다는 주장에 무게가 실린다. 당시 농민신문사는 1946~48년간 쌀 공출량은 933만 석이었으나 배급된 것은 38만 9천 석에 불과했다고 주장하고 있고, 또한 조봉암 초대 농림부 장관도 "1947년산 미곡 중에서 수백만석은 모리배에 의해 일본으로 밀반출"되었고, "도입된 외곡보다 일본으로 밀반출된 쌀이 더 많다"고 주장했다. 당시 이 문제는 한국 내에서 큰 사회적 이슈가 되었지만, 미 군정청은 결국 미국의 원조 양곡을 통해서 식량 부족을 해결하고자 하였고, 이것이 식량의 대외 의존의 단초가 되었다.

수급 불균형을 완화하기 위한 미국의 점령지역 행정 구호(Government and Relief in Occupied Areas) 원조는 일시적으로나마 식량 부족을 해소하는 데 기여했다. 특히 남한은 미국에게 있어서 냉전 시대의 정치 지리적 주요 거점이었기 때문에, 미국의 패권 강화라는 정치적인 목적과 잉여농산물의 처분이라는 경제적인 목적을 달성하기 위해 실시한 대외 식량 원조를 받는 대표적인 국가가 되었다. 냉전 시대의 정치 지리적 요충지의 공산화를 막기 위해 해당국의 경제 발전과 굶주림의 해소가 필요했던 미국은 농업 발전을 통한 증산보다는 단기적인 효과가 확실한 식량 원조를 우선했다.

해방과 함께 일제의 지배에서는 벗어났지만 농촌 지역을 억누르고 있던 봉건적 속박에서 벗어난 것은 아니었기에, 봉건적 소작 관계와 고율의 소작료에서 벗어나기 위한 농민들의 요구는 해방과 함께 봇물처럼 터져 나왔다. 특히 소작료율 인하 요구는 봉건적 소작 관계를 청산하는 농지개혁 요구에 앞서서 제기되었다. 이에 미군정은 1945년 10월 5일자 미군정 법령 제9호로 소작료 3·1제를 공포하였다. 즉, 소작료는 원칙적으로 물납제(物納制)로 하고, 소작료는 당해 경지 수확물 총액의 1/3을 초과하지 못하도록 하였다. 당시의 살인적인 인플레이션을 감안한다면 물납제는 농민에게는 과중한 부담이 되었다.

한편, 농민들의 강한 요구에도 불구하고 농지개혁은 지연되었고, 농지개혁이 지연되는 사이에 지주들은 농지개혁을 예상하고 소작권을 박탈하여 자작으로 전환하기도 하고, 토지를 강매하거나 사실상의 소작을 자작으로 위장하기도 했다. 지주들의 지속적이고도 조직적인 반대로 농지개혁이 실행되지 못하고 있는 가운데 미군정은 과거 일본인 지주가 소유했던 농지(귀속농지)를 대상으로 한 농지개혁을 추진했다. 1948년 3월 22일 남조선과도정부법령 제173호로 귀속농지에 대한 농지개혁을 단행하였고, 이는 정부 수립 이후의 농지개혁의 기초가 되었다. 한편, 정부 수립 이후 농지개혁은 1950년 4월 28일 농지개혁 시행규칙의 공포로 실시 단계에 돌입하였으나, 한국전쟁의 발발로 제대로 진행되지 못했다. 결국 1945년의 소작 면적 144만 7,000ha 중에서 농지개혁 면적은 60만 4,847ha(귀속농지의 매각 면적 26만 2,502ha 포함)만이 분배되었고, 이는 1945년 말 총 소작 면적의 41.8%에 불과하였다. 농지개혁을 통한 자영농의 창설과 이를 통한 안정적인 농업생산력의 확보는 해방 이후의 중요한 과제였음에도 불구하고 처음부터 달성 불가능한 것으로 되어 버렸다. 더욱이 농산물 가격을 낮은 수준에 묶어 두기 위한 일련의 정책들은 농지개혁을 통해서 해방된 자작농민들을 다시 소작농으로 전락시켰다.

미국에서 들어온 잉여농산물로 인해서 국내 농산물 가격은 생산비도 보장되지 않는 매우 낮은 수준에서 억제되었다. 이로 인해 농민들은 영농 활동을 지속하는 것이 어려웠을 뿐만 아니라, 사회 전체로는 농업에서 민부(民富)를 축적하는 것이 불가능했다. 특히, 한국전쟁 종료 이후에 제정된 미국의 PL 480호(Public Law 480, Agricultural Trade Development and Assistance Act of 1954, 농산물무역촉진원조법)에 의한 잉여농산물 원조는 한국의 식량 사정에 의해서 도입량이 결정되는 것이 아니었기 때문에, 국내 생산이 풍작이었음에도 불구하고 양곡을 과다하게 도입하여 초과 공급 현상까지 나타나기도 했다. 1955~71년 사이에 PL 480호에 의한 잉여농산물 도입은 8억 달러에 이르는데, 이 중 밀이 43%에 달했다. 미국으로서는 농산물 원조는 자국 내 잉여농산물을 해결하는 데 크게 기여했다. 이런 이유로 잉여농산물 원조는 미국 내 농업 원조로 보는 것이 타당하고, 그 희생양은 잉여농산물을 원조 받는 국가의 농업이었다. 더욱이 미국의 잉여농산물 원조를 받은 국가는 차후에 미국의 곡물에 의존하는 농식품 체계로 연결되었다. PL 480호의 대상 지역은 1950년대 후반부터 1960년대에 걸쳐 대부분이 아시아, 아프리카, 라틴아메리카의 후진 지역에 집중되었고, 현지 통화 지불을 통해서 적립된 대충자금(代充資金)은 미국 농산물의 시장 개척, 미국이 필요로 하는 전략 자재의 수입, 공동방위를 위한 군사 장비의 조달 등에 충당되었다. 한국의 경우 대충자금의 80~90%는 국방비에 전입하여 대미 무기류의 구입 등에 사용하도록 되었고, 나머지 10~20%도 미국 대사관 측의 원화 사용, 미국 유학생의 양성 등에 쓰도록 되어 있었다. 미국은 원조 물품 판매 대금의 사용처를 제한했을 뿐만 아니라, 잉여농산물 공여자 자격으로 한국의 경제 운용 방향에 대해서 간섭했다. 잉여농산물의 도입은 당시의 굶주림을 완화하는 데 기여했지만, 농업 생산의 위축과 농가 경제의 위기를 초래하여 미래의 식량권을 식량 원조와 맞바꾼 것이라고 할 수 있다.

❷ 개발독재와 녹색혁명의 결합

경제성장률, 수출 목표, 1인당 국민소득 등으로 상징되는 개발주의는 1960년대 이후 한국 사회의 변화 방향을 결정지었다. 1961년 쿠데타를 통해 집권한 박정희는 강력한 권위주의적 국가기구를 동원하여 '조국 근대화'를 추진했다. 개인에게 집중된 권력, 일사불란한 관료 체계, 경찰과 군·정보부 등을 동원한 강력한 억압 장치 등이 개발독재를 지탱하는 역할을 담당했다. 1960년대 말, 잉여농산물이 무상 원조에서 유상 차관으로 전환된 시기에 남한의 연평균 경제성장률은 10.6%에 달했으나(1962-1969), 식량은 여전히 부족하여 1965년에는 1억 3백만 달러를, 1971년에는 2억 6백만 달러의 외화를 지불해야 했다. 1970년대 들어 미국은 심각한 국제수지 적자를 해소하기 위해 이전까지 잉여농산물의 관리 수단에 불과했던 농산물의 원조 정책을 상업적 수출 정책으로 전환하는 그린 파워(green power) 전략, 식량의 전략무기화를 추진하였다.

이와 같은 국제 환경 변화에 대응해서 한국 정부의 핵심적인 대응은 주곡의 증산을 통한 자급과 공업 주도 성장을 위한 저곡가 정책, 그리고 이에 따른 농가 소득 저하를 완화하고자 하는 환금작물 재배 장려, 새마을운동이라는 농촌 개발 정책

	1970	1975	1980	1985	1990	1995	2000	2005	2010	2015	2018
화학비료	162	282	285	311	458	434	382	376	233	261	268
농약	1.6	2.7	5.8	7	10.4	11.8	12.4	12.8	11.2	11.6	11.4

표 4-1. 한국의 농약 및 화학비료 사용량 추이 (단위: kg/ha)
자료: 농림축산통계연보

이었다. 주곡 증산 정책'은 '식량 자급'에서 '주곡 자급'으로 정책의 후퇴를 의미하는 것이었고, 통일벼로 대표되는 녹색혁명형 농업의 도입은 비료와 농약 등 외부 자재에 대한 의존성을 높이는 것이었다. 시장에서 선호 받지 못하는 통일벼였지만, 일반 벼를 심으면 못자리를 짓밟아 버리는 정부의 강압 때문에 농민들은 통일벼를 심지 않을 수 없었다. 새마을운동이라는 이름하에 실시된 노동력의 강제 동원과 정부의 억압적인 농정에 대해 농민들의 저항이 없었던 것은 아니지만, 긴급조치하의 한국 농촌에서 이를 되돌리는 것은 불가능했다. 녹색혁명형 농업의 도입으로 토지 생산성이 높아져서 1965년 10a당 287kg이었던 미곡 생산량은 1977년에는 494kg에 이르게 되었지만, 다수확품종을 재배하는 과정에서 화학비료와 농약에 대한 의존은 높아질 수밖에 없었다. 1970년 ha당 162kg이었던 화학비료의 사용량은 1980년에는 285kg으로 크게 늘어났고, 농약 사용량은 1970년 1.6kg에서 1980년 5.8kg으로 늘어났다.

이와 함께 정부는 고추, 마늘, 양파 등을 중심으로 한 환금작물 재배를 주산단지 조성 사업이라는 이름하에 진행했다.

그러나 품목 수가 한정되어 있는 환금작물 중심의 작부 체계는 복합영농을 포기하고 단작화로 내모는 것이었다. 농민의 소득 증대 사업의 일환으로 출발한 축산 정책도 사료를 수입에 의존하는 가공업형 축산을 중심으로 전개되었다. 과거의 경종과 축산의 순환은 비효율적인 것으로 되어 버렸고, 사료 곡물의 대부분을 수입에 의존하는 구조가 정착되었다.

더욱이 개발독재기의 녹색혁명형 농업의 확산 과정은 농업의 가치와 농민권리가 가차 없이 훼손되는 과정이기도 했다. 환금작물 중심의 주산단지 조성 사업은 그동안 농민들이 지켜 온 많은 종자들이 사라지는 결정적 계기가 되었다. 70년대까지만 해도 텃밭에서 키웠던 많은 종자들이 사라졌다. 원거리 시장과 관계를 맺을 수밖에 없는 주산단지 정책으로 인해서 품종과 물품의 표준화가 수반되었고, 이 과정에서 지역에 기반을 뒀던 다양한 품종의 작물들이 시장에서 퇴출되었다. 또한 녹색혁명형 농업을 추진하기 위한 기반 시설을 확보하는 과정에서 농민의 재산권은 제대로 보호받지 못했다. 마을의 토목공사 등에 노동력이 강제로 동원되기도 했고, 마을의 전통적인 자조 조직들은 관의 직접적인 지배 통로로 이용되기도 하였다.

❸ 신자유주의 개방 농정

1970년대 초의 오일쇼크 이후 세계 경제가 만성적 불황에서 헤어나지 못하고 있던 상황에서 미국은 농산물의 상업적 수출을 적극적으로 추진하였다. 1970년 12억 달러에 불과하던 미국의 농업 무역수지 흑자는 1980년에는 245억 달러로 급증하였다. 이 와중에 한국은 미국으로부터 농산물 수입자유화 압력을 강하게 받았을 뿐만 아니라, 한국 내부적으로도 인플레이션 압력으로부터 벗어나기 위한 방안으로 1978년 2월에 '수입자유화 기본 방침'을 확정하였다. 미곡의 실질 수매 가격의 하락과 함께 이루어진 농산물의 수입자유화 조치로 식량 작물의 경작면적은 크게 감소하기 시작했고, 대신 고추와 마늘, 양파 등의 경작면적은 급증했다. 이로 인해 환금작물은 주기적인 가격 파동에 빠지게 되었다. 더욱이 작황 부진 등으로 생산량이 감소하여 시장가격이 상승하는 경우에는 외국으로부터 대량의 농산물 수입이 신속하게 이루어졌고, 농산물 가격은 항상 낮은 수준에 묶이게 되었다. 소득 증가에 따른 과일류 수요 증가는 외국산 과일의 수입 확대로 연결되었고, 국내산 과일에 대한 수요 확대로 연결되지 못했다. 미국산 소고기의 수입은 국내산 소고기 가격뿐만 아니라 연쇄적으로 돼지고기, 닭고기 가격의 하락을 초래했고, 이 과정에서 축산 부문의 생산 집중이 이루어졌다.

1980년대 말, 농축산물 시장의 전면 개방이 결정된 후 정부의 농정은 농업의 국제경쟁력 강화라는 명분하에 농업 구조조정이 최우선적인 과제로 등장하였고, 이는 규모화된 전업농 육성과 농지 규제의 대폭 완화로 이어졌다. 농지법 개정을 통한 대폭적인 농지 규제 완화로 농지조차 투기의 대상으로 되어 버렸다. 생산과 유통 등의 조정을 시장과 각 주체에게 넘기고, 농업 법인에 대한 지원을 강화하고 농지 소유를 허용하는 등 정부의 역할 축소, 기업적 영농을 지향하는 개별 경영체 육성이라는 신자유주의적인 요소가 강화되는 과정이었다.

1987년 민주 항쟁 이후, 정부는 농어가부채경감 특별조치법의 공포, 양곡유통위원회의 신설, 농어촌발전종합대책 수립 등의 조치들을 취하기는 했지만, 신자유주의 개방 농정을 멈추진 않았다. 바나나 수입 개방을 필두로 소고기 시장이 열렸고, 뒤이어 쌀 시장도 열리게 되었다.

1995년 WTO(World Trade Organization: 세계무역기구)가 출범하고, 뉴라운드의 다자간 협상이 지지부진한 사이 정부는 양자 간 협상을 서둘렀다. 2002년의 한 · 칠레 FTA(Free Trade Agreement: 자유무역협정) 타결을 필두로 2007년에 한 · 미 FTA가 타결되는 사이에 추곡 수매 제도는 폐지되었다. 계속 이어진 한국의 FTA 체결은 인도, EU, 페루, 터키, 호주, 캐나다, 뉴질랜드, 베트남, 중국, 콜롬비아에까지 이어졌다. 농산물 수입자유화가 계속 이어지면서 농식품 수입액은 지난 20년(1999~2018년) 동안 연평균 8.4%의 증가율을 기록했다(1999년 수입액 59억 달러, 2018년 수입액 274억 달러). 이로 인한 농식품의 무역수지 적자액은 같은 기간 45억 달러에서 210억 달러로 급증했다.

농산물 수입 개방에 대한 사후 대책으로 소득 지지를 위한 직접 지불 제도가 시행되었지만, 농업의 다원적 · 공익적 가치의 반영이라는 핵심적 사항은 누락된 채 농가의 개별 경영체적 성격을 강조하는 농업 구조조정 정책이 강화되면서 신자유주의적 농정이 더 확산되기에 이르렀다. 외국 농산물에 대한 경쟁력 확보와 소매 유통 구조의 변화에 대응하기 위해 2001년 친환경 농산물 의무 인증 제도와 2006년 농약 사용을 전제로 하는 GAP(Good Agricultural Practices, 농산물우수관리) 제도가 도입되었지만, 이 또한 결과적으로 생산과 소비의 단절 혹은 거리 확대(distancing)를 심화시키는 정책이었고, 이는 현대 농식품 체계가 낳은 농업과 먹거리의 위기가 한국의 농식품 체계에서도 고스란히 나타나는 상황으로 연결되었다.

❹ 위기 속 농업과 먹거리의 실상

현재 위기 상황에 놓인 한국의 농업과 먹거리 문제는 신자유주의 세계화가 농업과 먹거리를 지배하면서 발생한 문제이지만, 그 문제의 위기적 상황은 농정이 어떤 기조로 펼쳐졌는지에 따라 편차를 가지고 나타날 수밖에 없다. 한국의 농업과 먹거리의 지속가능성이 심각하게 위협받고 있는 상황은 다양한 통계적 자료를 통해서 확인할 수 있다.

첫째, 곡물 자급률의 추락이다. 곡물 자급률은 1970년 80.5%에서 2018년 21.7%로 급격하게 하락하였다. 쌀의 경우 1970년 1인당 연간 소비량이 136.4kg에서 2018년 61kg으로 절반 이하 수준으로 떨어졌음에도 불구하고 쌀 의무 수입량 등으로 인해서 2018년에는 80%를 겨우 넘어서고 있다. 쌀이 전체 농업 생산액에서 차지하는 비중도 2018년에는 16.8%에 불과하다. 한편, 자급률 1%에도 미치지 못하는 밀의 1인당 연간 소비량은 32.2kg으로 쌀 소비량의 절반을 넘어섰다(표 4-2, 4-3 참고).

전체 농업 생산액에서 곡물류가 차지하는 비중은 1970년 54.9%로 절반을 넘었지만, 2018년에는 21.4%에 그치고 있다. 대신 축산의 비중은 같은 기간 동안 15.0%에서 39.5%로

연도	계	쌀	보리쌀	밀	옥수수	두류	서류	기 타
1970	80.5	93.1	106.3	15.4	18.9	86.1	100.0	96.9
1980	56.0	95.1	57.6	4.8	5.9	35.1	100.0	89.8
1990	43.1	108.3	97.4	0.05	1.9	20.1	95.6	13.9
2000	29.7	102.9	46.9	0.1	0.9	6.4	99.3	5.2
2010	26.7	104.6	24.3	0.9	0.9	10.1	98.7	9.7
2015	23.8	101.0	21.9	0.7	0.8	9.4	94.6	12.4
2018(P)	21.7	82.5	31.4	0.7	0.7	6.3	95.4	6.9

표 4-2. 전체 곡물 자급도 (단위: %)
자료: 농림축산식품 주요통계

연도	계	쌀	보리쌀	밀	옥수수	두류	서류	기 타
1970	219.4	136.4	37.3	26.1	1.1	5.3	10.2	3.0
1980	195.2	132.4	13.9	29.4	3.1	8.0	6.3	2.1
1990	167.0	119.6	1.6	29.8	2.7	8.3	3.3	1.7
2000	153.3	93.6	1.6	35.9	5.9	8.5	4.3	3.5
2010	125.6	72.8	1.3	32.1	3.9	8.3	3.5	3.8
2015	115.9	62.9	1.3	32.2	3.6	8.2	3.2	4.5
2018(P)	112.3	61.0	1.3	32.2	3.2	6.4	3.2	5.1

표 4-3. 양곡 1인당 연간 소비량 (단위: kg)
자료: 농림축산식품 주요통계

크게 증가하였다. 그러나 국내의 축산은 사료 기반이 없는 까닭에, 옥수수의 자급률은 0.7%, 두류의 자급률은 6.3%에 불과하다.

한국의 식품 제조업은 1950년대에 미국으로부터 원조 받은 잉여농산물을 기반으로 성장했기에 국내 농업과의 연결 고리

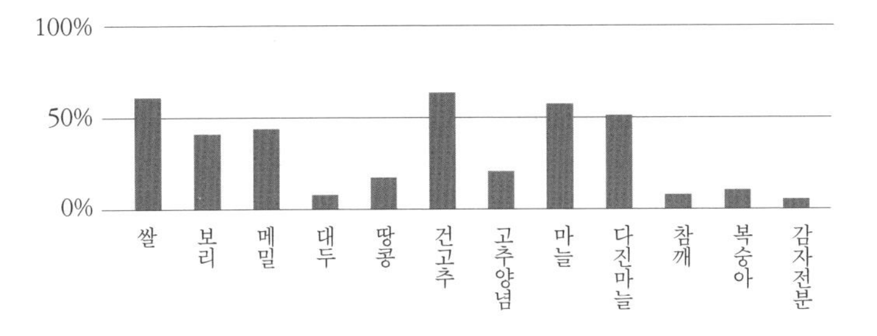

그림 4-1. 국내 식품 제조업의 국내산 농산물 사용 비율 (2017, %)
자료: 농림축산식품부, 식품산업원료소비실태조사

가 강하지 않은 특징을 가지고 있는데, 이러한 현상은 아직도 극복되지 못하고 있다. 곡물 자급률이 1%에도 미치지 못하는 밀의 경우는 국산 밀 사용 비율이 0.2%에 불과하다. 국내의 밀 생산이 부족하기 때문에 국산 밀 사용 비율이 낮은 것이 아니라, 국산 밀의 낮은 이용으로 인해서 국내의 밀 생산이 제대로 이루어지지 않고 있는 데 그 원인이 있다고 할 수 있다. 가격 폭락을 주기적으로 경험하고 있는 대표적인 양념 채소인 고추나 양파, 마늘의 경우에도 수입산에 크게 의존하고 있는 것을 확인할 수 있다(그림 4-1 참고).

이런 가운데 GM 곡물의 수입도 급증하고 있다. 수입한 GM 곡물은 사료로 많이 사용되지만, 식품의 원료로 사용되어 사람이 직접 소비하기도 한다. GM 곡물의 수입량은 2009년 728만 톤에서 2018년에는 1,021만 톤으로 증가했는데, 이 중 221만 톤은 식용으로 사용되었고, 800만 톤은 농업용으로 사

	옥수수				대두			
	전체 수입량	GMO 전체	식용 GMO	농업용 GMO	전체 수입량	GMO 전체	식용 GMO	농업용 GMO
2010	8,560	7,441	993	6,448	1,243	923.2	923	0.2
2015	10,367	9,052	1,116	7,936	1,330	1,029	1,029	소량
2018	9,986	9,009	1,158	7,851	1,338	1,049	1,049	0.1

표 4-4. GM 옥수수와 GM 대두 수입 현황 (단위: 천 톤)
자료: 한국바이오안전성정보센터 및 농림축산식품통계연보

용되었다. 2018년의 경우, 전체 수입 옥수수 중에서 GM 옥수수가 차지하는 비중은 90%를 넘었고, 수입한 GM 옥수수 중에서 13%가 식용으로 사용되고 있다. 대두의 경우는 2018년에 134만 톤을 수입했는데, 이 중 78%가 GM 대두였으며 대부분이 식용으로 사용되었다. 곡물의 자급률이 급락하는 상황에서 우리의 식탁을 GM 곡물이 지배하고 있다(표 4-4 참고).

둘째, 농업 생산의 전반적인 위축은 영농 활동의 경제적 성과가 농민들에게 제대로 돌아오는 구조가 아니기 때문에 발생하고 있다는 점이다. 영농 활동에 필요한 농자재 등 투입재 가격의 상승 속도를 농산물 가격이 쫓아가지 못하다 보니 농업 생산은 위축될 수밖에 없는 결과를 초래했다. 거대 기업이 주도하여 생산하는 농자재(종자, 비료, 농약, 농기구 등)와 농민이 생산한 농산물 사이에 부등가교환이 이루어져 농민으로부터 가치 수탈이 심화되는데, 농산물의 구매자인 가공·유통 부문

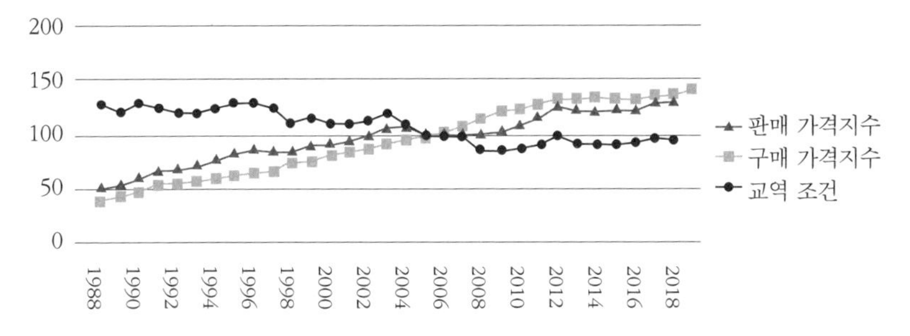

그림 4-2. 교역 조건(2005년=100)
자료: KOSIS

에서는 독점화가 진전되어 소수의 독점적 가공 메이커나 유통업자의 지배력이 강해진다.

농산물 판매 가격지수와 농가 구입품 가격지수의 괴리가 커짐에 따라서 농업 소득률(농업 총수입에서 농업 소득이 차지하는 비중)은 계속 하락하는 추세를 보이고 있다. 농업 소득은 농업 총수입에서 농업경영비를 뺀 부분이므로, 농산물 가격은 농업 총수입에 영향을 미치고, 농업경영비는 농가 구입 가격의 영향을 직접 받는다. 농업 소득률은 2004년 45.3%, 2014년 32.0%, 2019년에는 30% 이하로 떨어졌다. 이른바 '농업의 악순환'에 그대로 노출되어 있는 것이 현재 한국 농업의 현주소라고 할 수 있다(그림 4-2 참고).

이런 가운데 농민의 대응은 특정 작물로의 재배 집중이라는 방식이 일반화되었다. 이는 신자유주의 농정이 추구하는 바이기도 했다. 이른바 선택과 집중, 토지 이용의 집약화가 주산

구분	1990			2015		
	전국 재배 면적(A)	상위 20개 시군 재배 면적(B)	B/A	전국 재배 면적(G)	상위 20개 시군 재배 면적(H)	H/G
논벼	1,186,232	201,611	17.0%	729,282	258,098	35.4%
단감	7,940	5,480	69.0%	8,938	7,168	80.2%
양파	9,283	7,840	84.5%	15,412	12,401	80.5%
콩	105,669	30,332	28.7%	50,623	20,265	40.0%
파	10,261	3,354	32.7%	7,050	5,189	73.6%
무	29,447	11,340	38.5%	12,574	8,743	69.5%
배	8,769	5,528	63.0%	11,586	8,476	73.2%
포도	11,077	7,700	69.5%	11,522	9,761	84.7%
수박	15,614	10,274	65.8%	7,799	6,396	82.0%
사과	43,721	25,143	57.5%	30,822	24,439	79.3%
배추	35,364	9,153	25.9%	22,403	13,457	60.1%
마늘	52,744	28,363	53.8%	19,317	14,954	77.4%
고추	87,332	28,265	32.4%	38,724	13,766	35.5%
합계	1,603,453	374,383	23.3%	966,052	403,113	41.7%

표 4-5. 품목별 상위 20개 시군의 생산 비중 변화: 1990-2015 (단위: ha, %)
자료: 농업총조사 각 연도(kosis)(송원규, 박사학위논문에서 재인용)

단지별 특화작물 재배로 연결되었다. 농업 생산이 가지고 있는 특성상 특정 품목으로의 특화 경향을 완전히 무시할 수 없지만, 지리적 특성의 차이가 다른 나라에 비해서 그다지 크지 않은 물리적 조건을 갖고 있는 한국에서 특정 작물 중심의 지역별 생산 특화는 불안정한 농가 경제로 연결될 수밖에 없다. 1990년과 2015년을 비교한 자료를 통해서 확인되는 바와 같

	0.1ha이하 (가구)	01.- 0.3ha	0.3- 0.5ha	0.5- 0.7ha	0.7- 1.0ha	1.0- 2.0ha	2.0ha이상	연령별 비율
30-34세	0.1	0.0	0.0	0.0	0.0	0.0	0.0	0.3%
35-39세	0.3	0.1	0.1	0.1	0.0	0.1	0.0	0.8%
40-44세	0.9	0.4	0.3	0.2	0.2	0.2	0.1	2.2%
45-49세	2.0	0.9	0.6	0.4	0.3	0.4	0.2	4.5%
50-54세	4.1	1.6	1.0	0.5	0.5	0.6	0.3	8.6%
55-59세	6.8	2.6	1.7	0.9	0.7	0.9	0.4	14.0%
60-64세	8.7	3.0	1.8	0.8	0.7	0.7	0.3	16.0%
65-69세	9.8	3.9	2.1	1.0	0.6	0.6	0.2	18.1%
70-74세	9.0	3.6	1.7	0.7	0.4	0.3	0.1	15.8%
75-79세	8.0	2.9	1.2	0.5	0.3	0.1	0.0	13.0%
80세 이상	4.7	1.3	0.4	0.1	0.1	0.0	0.0	6.6%
규모별 비율	54.2	20.4	10.9	5.2	3.7	4.0	1.6	99.9%

표 4-6. 양파 재배 규모별: 연령별 분포(전국, 2015)
자료: KOSIS

이 1990년에도 집중의 정도가 매우 높았던 특정 품목(예: 양파)을 제외하고는 지역별 집중도가 높아졌다(표 4-5 참고).

그럼에도 불구하고 양파의 경우에 확인되는 바와 같이 지역별 특화가 이루어진 경우라 하더라도 재배 농가의 재배 면적별 분포를 보면 다수의 소규모 농가가 생산에 참여하고 있다는 점에 유의할 필요가 있다. 신자유주의 농정 하에서 규모화와 전업화가 강력하게 추진되어 왔음에도 불구하고 모든 연령대에서 0.1ha 미만 재배 농가의 비율이 압도적으로 높으며, 1.0ha 이상 재배 농가의 비율은 5.6%에 불과하다는 점이다(표 4-6 참고).

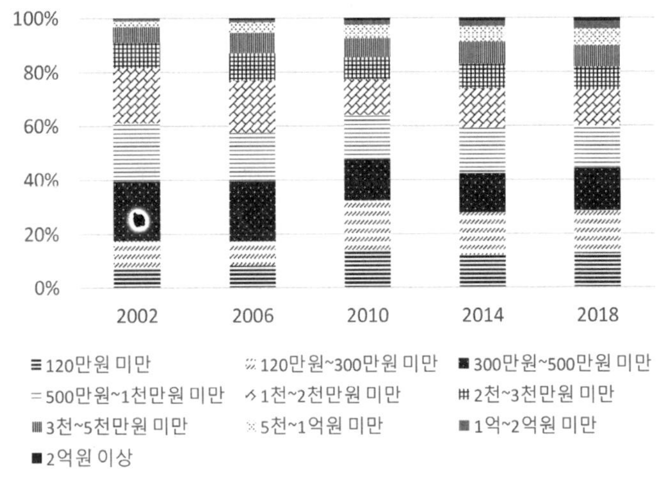

그림 4-3. 판매 금액별 농가 비율 추이
자료: KOSIS

또한, 판매 금액별 농가 분포를 보더라도 소규모 생산 농가의 지속가능성에 중점을 두면서 농업 농촌의 지속가능성을 이룰 수 있는 방안이 필요하다. 그림 4-3에서 보는 바와 같이 2018년 기준으로 판매 금액 500만 원 미만 농가(판매 없음 포함)의 비율은 51.1%로 2002년 48.9%에 비해서 큰 변화가 없으나, 500~3,000만 원 판매 규모 농가의 비중은 같은 기간 동안 43.5%에서 32.9%로 감소했고, 대신 3천만 원 이상의 농가 비율이 거의 비슷한 비율로 증가했다. 그동안 농정의 핵심이 규모화에 있었음에도 불구하고 판매 금액 500만 원 미만의 농가 비율이 50% 수준에서 유지되고 있는 상황은 이들 농

	1970	1980	1990	2000	2010	2018	2019
농가 소득	256	2,693	11,026	23,072	32,121	42,066	41,182
농업 소득	194 (75.8%)	1,755 (65.1%)	6,264 (56.8%)	10,897 (31.4%)	10,098 (31.4%)	12,920 (30.7%)	10,261 (24.9%)
겸업 소득	10 (3.9%)	67 (2.5%)	589 (5.3%)	1,435 (10.8%)	3,467 (10.8%)	5398 (12.8%)	5,828 (14.2%)
사업 외 소득	52 (20.3%)	872 (32.4%)	2,252 (20.4%)	5,997 (29.5%)	9,480 (29.5%)	11,554 (27.5%)	11,499 (27.9%)
이전소득	-	-	1,921 (17.4%)	4,743 (28.3%)	9,077 (28.3%)	12,193 (29.0%)	13,594 (33.0%)

표 4-7. 농가 소득 추이(단위: 천 원, %, 경상 가격)
주: 농외소득 = 겸업 소득 + 사업 외 소득
겸업소득 = 농업 외 사업소득
사업 외 소득 = 근로소득, 임대료, 이자 수입 등
이전소득은 공적 보조금, 가족 보조금, 친인척 보조금 등과 비경상 소득을 포함하여 작성
자료: 농가경제조사결과

가의 재생산력을 높임으로써 농업 농촌의 활력을 새로 만들어 내는 농정이 필요하다는 점을 보여 주고 있다.

셋째, 농가 소득의 상대적 정체와 양극화 문제이다. 농업, 농촌, 농민의 경제적 · 사회적 지속가능성과 농가의 경제적 지위를 평가하는 가장 중요한 지표인 농가 소득은 농업 소득과 농외소득(겸업 소득 + 사업 외 소득), 이전소득, 비경상 소득으로 구성된다. 농업 소득은 농작물 수입과 축산 · 농산물 가공 수입 등으로 이루어지는 농작물 이외 수입을 합계한 농업 총수입에서 농업 생산에 투입된 농업경영비를 뺀 것으로, 농업 소득이 농가 소득에서 차지하는 비중은 70년대 중반 이후 계속

연도	평 균	0.5ha 미만	0.5~1.0 ha	1.0~1.5 ha	1.5~2.0 ha	2.0ha 이상*
1970	93.4	54.3	88.3	103.6	119.3	112.4
1980	82.1	39.6	75.1	89.9	101.5	124.4
1990	76.1	33.5	56.3	84.3	96.5	105.5
2000	60.5	16.9	40.8	64.0	76.9	88.2
2010	36.5	9.6	31.6	38.3	36.6	41.3
2018	38.2	9.1	22.2	37.8	57.7	68.7
2019	29.0	6.0	16.5	27.8	42.7	53.4

표 4-8. 경지 규모별 농업 소득의 가계비 충족도(%)
주: 농업 소득 가계비 충족도 = (농업 소득/가계비)×100
* 2000년 이후는 2.0~3.0ha
자료: 농가경제조사결과

감소되어 2018년에는 30%를 겨우 넘어서고 있다. 농업 소득 의존도는 농산물 시장 개방이 본격화된 1980년대 후반 이후 크게 감소하여 2005년경부터는 40% 이하로 떨어졌고, 2019년에는 25% 이하로 떨어졌다(표 4-7 참고).

농업 소득의 증대를 통한 농가 소득의 증대가 필요하지만, 농업 소득의 증대를 위한 특정 작물 중심의 가격 지지 정책은 소수에 불과한 대규모 농가에 지원이 집중되는 문제를 수반하므로 다수의 소규모 농가의 소득 증대를 위한 새로운 고민들이 무엇보다 필요하다.

농가 소득에서 농업 소득이 차지하는 비중이 낮아지다 보니, 가계비를 충당하는 농업 소득의 비중, 즉 가계비 대비 농업 소득을 보여 주는 '농업 소득의 가계비 충족도'는 지속적

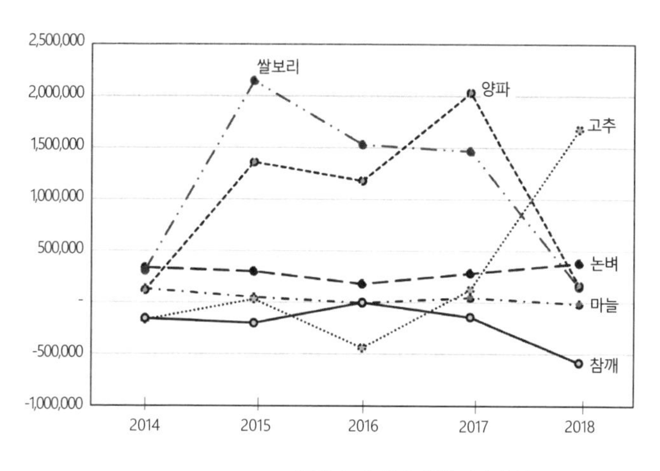

그림 4-4. 주요 작물의 순수익(단위 원/10a)
자료: KOSIS

으로 하락하고 있다. 표를 통해서 확인할 수 있는 바와 같이 농가 경제에서 농업경영이 갖는 의미가 점차 축소되고 있는데, 농업 소득으로 가계비를 충족시킬 수 있는 경지 규모도 계속 늘어나고 있다. 즉, 1970년경에는 경지 규모 1.5~2.0ha에서 얻는 농업 소득으로 가계비를 충족하고도 남았지만, 지금은 7ha 정도에서나 가계비를 충족할 수 있는 상황이 되었다(표 4-8 참고).

농업 소득이 안정적으로 유지되기 위해서는 농업 생산으로부터 얻는 순수익이 안정적이어야 하지만, 작물별로 순수익이 안정적이지 못한 실정이다. 논벼는 그나마 변동 직불금 제도 등을 통해서 안정적인 구조를 보이고 있지만, 고추의 경우에는 오히려 순수익과 순손실이 교차될 정도로 안정적이지 못

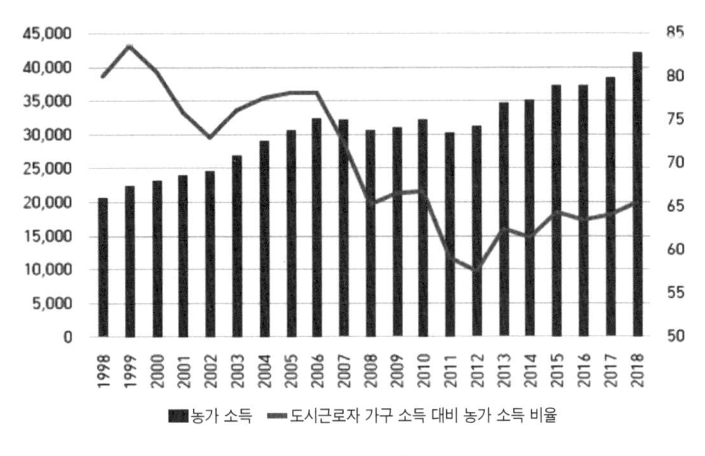

그림 4-5. 농가 소득 및 도농 간의 소득 격차 추이
자료: KOSIS

하고, 참깨의 경우는 계속 순손실을 기록하고 있다(그림 4-4 참고).

농업 소득의 감소와 이에 따른 농가 소득의 정체로 인해서 도시 근로자 가구 소득과 농가 소득의 격차가 확대되었다. 농가 소득은 농업 소득, 농외소득, 이전수입 등의 총계이고, 영농에 참가한 가족 전체의 소득이 포함되어 있는 데 반해서, 도시 근로자 가구 소득은 근로소득이 전체 소득에서 차지하는 비중이 월등하게 높다. 더욱이 영농을 위해서 노동력뿐만 아니라 생산수단을 제공 · 지출하는 농가와 '노동력'을 제공한 대가로 받는 근로소득에 주로 의존하는 도시 가구의 소득 비교는 농가 소득이 과다하게 계상될 우려가 있다. 그럼에도 불

		2005	2010	2015
농가 소득	1분위	7,348	6,310	6,864
	2분위	16,565	16,040	18,059
	3분위	25,401	24,775	27,811
	4분위	37,596	37,582	43,047
	5분위	73,366	78,086	99,413
	5분위 배율	**10.1**	**12.4**	**14.5**
	농가 평균	30,503	32,121	37,215
도시 근로자 가구 소득	1분위	15,621	19,475	24,124
	2분위	26,489	32,853	40,312
	3분위	33,522	43,580	52,593
	4분위	45,705	56,681	66,939
	5분위	71,764	87,788	104,935
	5분위 배율	**4.6**	**4.6**	**4.4**
	도시 평균	39,025	48,092	57,799

표 4-9. 농가 및 도시 근로자 가구의 소득 불평등도(단위: 천 원)
자료: KOSIS

구하고 농가 소득과 도시 근로자 가구 소득의 격차는 계속 확대되고 있다. 도시 가구 소득에 대비해서 농가 소득은 1985년에는 112%에 달했지만, 1995년 95%, 2012년 57.6%까지 하락한 이후 다소 회복되어 2018년에는 65.5%를 보이고 있다(그림 4-5 참고).

또한 농가 소득의 양극화가 심화되고 있다. 소득분배의 불평등 정도를 측정하는 지표는 다양한데, 표 4-9에서와 같이 상위 20%의 소득 몫과 하위 20%의 소득 몫의 비율을 보여 주는 5분위 배율을 통해서 보면, 도시 근로자 가구의 불평등 정도에 비해서 농가의 불평등 정도가 상당히 심한 것을 알 수 있다. 더욱이 추세적으로 볼 때 불평등 정도가 심화되고 있는 것도 문제라고 할 수 있다. 농촌 지역의 고령화가 진행되고 최저생계

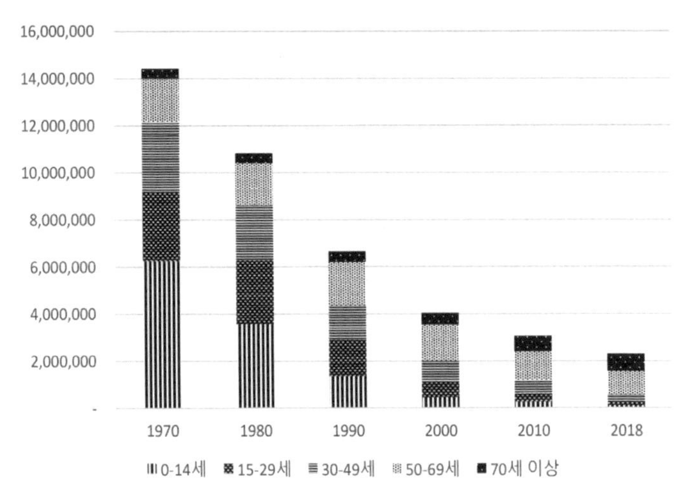

그림 4-6. 연령별 농가 인구 추이
자료: KOSIS

비 이하의 농가가 증대되면서 5분위 배율로 측정된 불평등 정도가 심화된 것으로 나타나고 있다고 할 수 있다.

넷째, 농가 인구가 급속하게 감소하였다. 농가 인구의 상대적 감소는 전 지구적인 현상이지만, 한국의 경우에는 그 감소의 폭이 매우 크고, 그것도 매우 짧은 시간에 이루어졌다. 1970년 1,442만 명에 달했던 농가 인구(전체 인구 대비 46.7%)는 2018년 231만 명으로 줄어들었다(전체 인구 대비 4.3%). 2018년 농가 인구는 1970년 농가 인구의 16% 수준이다. 특히 14세 이하의 인구수는 1970년과 비교해 볼 때 1.7% 수준이다. 대신 70세 이상의 비중은 1970년 2.9%에서 2018년 32.2%로 급격하게 증가했다(그림 4-6 참고).

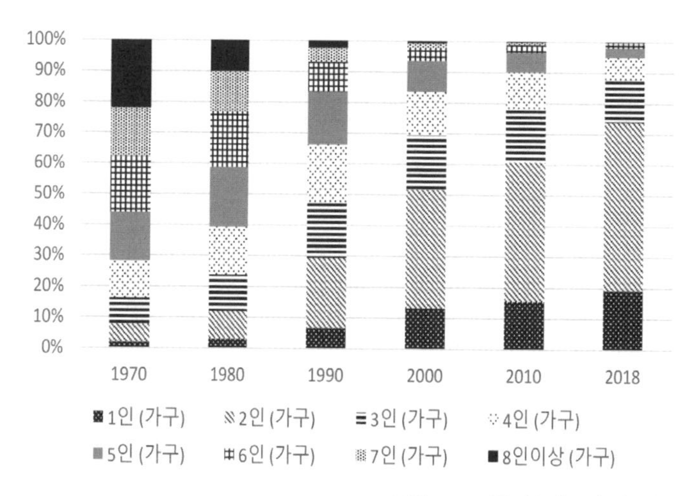

그림 4-7. 가구원수별 농가 비율 추이
자료: KOSIS

가구원수별 농가 비율의 추이를 보면, 1970년에 90% 이상에 달했던 가구원수 3인 이상의 가구 비율이 2018년에는 26%에 불과한 상황이다. 농가의 사회경제적 특성을 고려할 때, 농업 농촌의 지속가능성이 심각하게 위협받고 있는 상황이다.

이와 같이 한국의 농업과 먹거리가 처한 위기의 상황에 대한 국민들의 의식은 어떠할까? 2015년 한국연구재단의 지원을 받아 '먹거리지속가능성연구단'이 진행한 의식조사 결과를 통해서 몇 가지 의미 있는 사실들을 확인할 수 있다. 이 조사는 2015년 3~4월에 미디어리서치가 전국의 만 19세 이상 성인 남녀 대상(표본 크기 1,300명, 표본 오차 ±2.7%포인트, 95%

사항	거의 신뢰하지 않음	대체로 신뢰하지 않음	보통	대체로 신뢰	매우 신뢰
대규모 생산 농민	0.4	3.8	38.3	50.9	6.5
소규모 생산 농민	0.2	4.5	29.7	57.4	8.2
대규모 가공 국내 식품업체	1.1	13.6	46.3	34.3	4.7
대규모 가공 해외 식품업체	3.4	23.9	50.6	18.7	3.3
소규모 가공 국내 식품업체	1.8	17.9	52.7	25.3	2.3
대형 마트	0.9	7.6	42.0	46.1	3.4
소규모 슈퍼마켓	0.8	9.4	54.8	33.0	2.0
재래시장	0.6	6.7	36.8	49.5	6.4
아파트 알뜰시장	0.9	9.3	48.5	36.9	4.4
직거래(농민장터, 직매장,생협)	0.3	3.5	25.0	55.3	15.9
식품 행정 관련 정부기관	5.2	17.2	42.9	31.5	3.2

표 4-10. 한국인의 먹거리 생산/가공/유통/신뢰도(%,평점)

신뢰수준)으로 이루어졌다. 평점이 높을수록 높은 신뢰도를 나타낸다.

표 4-10은 우리 국민들이 먹거리의 생산, 가공, 유통, 정책 등과 관련된 다양한 주체들에 대해서 갖고 있는 신뢰의 정도를 보여 주고 있는데, 유통과 관련해서는 직거래에 대한 신뢰 정도가 가장 높은 것을 알 수 있다. 농업 생산의 경우, 소규모 생산 농민에 대한 신뢰가 대규모 생산 농민에 대한 신뢰보다 높고, 가공의 경우에도 해외보다는 국내의 가공업체에 대한 신뢰가 높은 것을 알 수 있다. 다만 소규모 슈퍼보다는 대형 마트에 대한 신뢰가 높지만, 대형 마트보다는 재래시장에 대한 신뢰가 높게 나온 것도 눈여겨 볼 필요가 있다. 이는 기업 주도의 현대 농식품 체계가 가지고 있는 문제점들에 대한

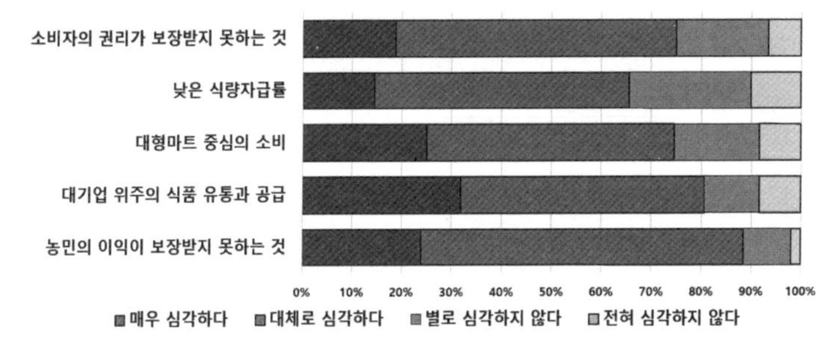

그림 4-8. 먹거리의 생산 유통 소비 과정의 심각성에 관한 국민 인식

인식을 반영한 것으로 볼 수 있고, 직거래나 소규모 생산 농가, 국내 가공 등을 통한 대안의 구축을 열어 갈 수 있는 희망이라고 할 수 있을 것이다.

위의 내용과 관련해서 먹거리의 생산 유통 소비 과정의 심각성에 관한 국민들의 인식에서도 의미 있는 조사 결과를 확인할 수 있다(그림 4-8 참고). 소비자의 권리가 보장받지 못하는 것보다도 농민의 이익이 보장받지 못하는 것이 훨씬 심각한 문제로 인식되고 있다.

또한, 먹거리와 관련된 문제가 개인의 선택의 문제가 아닌 사회적 문제로 인식되는 경향이 매우 강하다는 것도 특징적이다(표 4-11 참고). 안전한 먹거리는 자신의 선택에 달려 있다는 의견에 대한 동의 비율은 상대적으로 가장 낮았지만, 건강과 환경에 좋은 먹거리를 소비하고 싶지만 그렇지 못한 경우가 많다는 의견에 대한 동의 비율이 상대적으로 가장 높게 나왔

사항	전혀 그렇지 않다	대체로 그렇지 않다	보통	대체로 그렇다	매우 그렇다	평점
건강과 환경에 좋은 먹거리를 소비하고 싶지만 그렇지 못한 경우가 많다	0.4	5.9	30.7	50.8	12.2	3.69
경제적 불평등으로 인해서 먹거리의 불평등 문제가 심각하다	1.1	12.4	34.7	40.8	11.0	3.48
개인의 합리적 선택만으로도 먹거리 불안 문제는 해결이 가능하다	2.8	16.1	40.6	35.8	4.7	3.24
먹거리 안전은 나의 선택에 달려 있다	3.8	20.6	38.8	29.8	7.0	3.16
안전한 먹거리를 공급받기 위해서는 농민의 소득보장이 필요하다	0.4	9.0	36.9	44.5	9.1	3.53
소비자와 생산자의 직거래로 먹거리가 훨씬 안전해질 것이다	0.3	5.4	32.9	47.5	13.8	3.69

표 4-11 먹거리 관련 의견에 대한 동의 정도

다. 아울러 안전한 먹거리를 공급받기 위해서는 농민의 소득 보장이 필요하다는 동의 정도도 상대적으로 높게 나왔고, 소비자와 생산자의 직거래로 먹거리가 훨씬 안전해질 것이라는 의견에 대한 동의 비율이 매우 높게 나왔다. 이는 대안 운동을 통해서 우리의 먹거리와 농업에 희망을 만들어 낼 수 있다는 메시지라고 할 수 있고, 한국에서 농민과 소비자, 시민 단체가 연대하여 대안 농식품 운동을 펼칠 수 있었던 힘의 근원이 되었다고 할 수 있다.

먹방과 쿡방 속에 묻혀 버린 진실

'먹방,' '쿡방'이 말하지 않는 것

TV를 틀면 튀어나오는 것이 '먹는 방송(먹방)'과 '요리 방송(쿡방)'이지만, 예전에는 인기 없는 대표적인 TV 프로그램 중의 하나가 요리 관련 프로그램이었다. 그러나 '먹방' 혹은 '쿡방' 프로그램은 적은 제작비로 안정적인 시청률을 확보할 수 있고, 이 프로그램을 교육 오락물(infotainment)이라는 측면을 강조해서 책이나 잡지 등으로 연결시키면 부가적인 수익을 창출할 수 있다는 점에서 방송사에게 매력 있는 콘텐츠로 부상했다. 여기에 종합 편성 채널의 등장으로 인한 프로그램 과포화 상태, 프로그램의 양극화(극단적인 정치 지향적인 프로그램 vs. 탈정치 프로그램) 등이 적은 제작비와 부가 수익 창출 등과 엮여서 '먹방' '쿡방' 전성시대를 맞고 있다고 할 수 있다.

그런데 문제는 이들 프로그램의 대부분이 '농(農)'이 없는 '식(食)'을 단편적으로 보여 주면서 먹거리에 감춰진 다양한 문제들에 대한 의문은 제기하지 않는다는 점이다. 개중에는 음식에 깃들여 있는 지역의 문화, 그 음식과 결부된 사람들의 이야기나 우리 선대 어른들의 삶을 녹여 내는 경우도 있지만, 대부분의 프로그램은 맛있어 보이는 음식을 시청자들에게 보여 주는 것에 치중할 뿐 오늘 우리의 농업과 먹거리가 처해 있는 현실에 대한 본질적인 접근은 이루어지지 않는다. 최근 등장하고 있는 '귀농' 관련 프로그램도 현재 농민들의 현실에 대해서 눈을 감는 것은 마찬가지다.

그리고 이들 프로그램의 대부분은 먹거리가 가지고 있는 기본적인 속성, 함께 나눠 먹는다는 관점도 없다. 만 65세 이상 노인의 평균 영양 섭취량은 권장량의 50% 미만에 불과하고, 급식 지원을 받는 결식아동이 40여만 명에 이르는 현실은 전혀 고려하지 않는다. 먹거리의 소비를 개인의 취향, 그리고 드러내 놓지는 않지만 개인의 능력이라는 지극히 한정된 영역에서 접근할 뿐 먹거리가 식탁에 오르기까지의 과정, 그리고 먹거리의 분배나 먹거리 정의에 대해서는 관심이 없다. 먹거리와 관련된 사회적 고민을 발견하기 어렵다.

먹는 것에 대한 관심을 '농과 식'에 대한 사회적 관심으로

그런데 한국에서 '먹방'이나 '쿡방'이 황금 시간대를 점령하고, 재탕삼탕 방송의 소재로 등장한 지 얼마 되지 않은 사이에 우리의 농업과 농촌의 위기가 심화되고 있는 것은 우연일까? '먹방'과 '쿡방' 열풍에 인스턴트식품의 매출이 급증하는 것은 어찌 보면 당연한 것이다. 시간이 부족하다고 생각하는 현대인들에게 보다 쉽게 만들 수 있는 레시피와 노하우를 전달하는 예능성 프로그램은 기다림의 과정이 생략된 결과물로서의 먹거리에 치중할 수밖에 없기 때문이다. 음식을 구경하는 프로그램에 익숙해진 시청자들은 식자재가 누구에 의해서 어디에서 어떻게 만들어지는가에 대한 관심을 갖기 어렵다.

그런데 최근 우리 사회에는 '로컬푸드'에 대한 관심도 높아지고 있다는 사실에서 '농'과 '식'의 분열된 관계를 회복시킬 수 있다는 조그만 희망을 보게 된다. 단순하게 지역에서 생산된 먹거리가 직거래되는 시스템이 아니라, 지역의 농민과 소비자가 함께 만나는 소통의 매개물로 로컬푸드의 역할이 커지고 있다. 대도시의 소비자들도 '얼굴 있는 먹거리'를 찾아 나서고 있다. 로컬푸드를 통해서 만들어지는 농민과 소비자의 상생의 과정들을 '먹방'의 형태로 풀어내는 프로그램을 기대하는 것은 세상 물정 모르는 사람의 몽상일까? 돈 되는 것이어야 움직이는 천박한 사회에서는 불가능한 것이기에 몽상일 수 있지만, 그래도 희망을 담아 몽상이 아니기를 기원해 본다.

『대산농촌』(2016년 신년호)에서 발췌

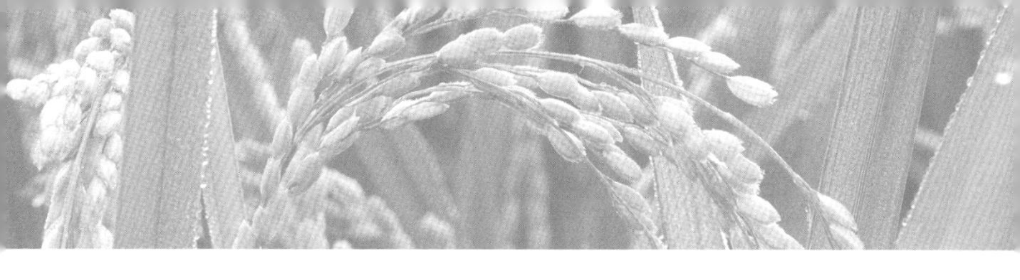

5. 한국의 대안 농식품 운동의 출발
— 유기농업 운동

'산업적 농업'에 대한 대안으로 출발한 유기농업 운동은 생물 다양성, 생물학적 순환 및 토양의 생물학적 활동을 포함한 농업 생태계의 건강을 증진하고 향상시키는 종합적인 생산관리 시스템을 확보하는 것을 목적으로 한다. 초기의 유기농업 운동은 생산자와 소비자의 직접적인 관계를 매개로 이루어져 왔기에, 이의 확산은 제한적일 수밖에 없었다. 인증 제도의 도입은 직접적 대면을 통한 신뢰의 확보가 갖는 시장 확대의 한계를 극복하는 데 기여하였다고 할 수 있다. 그러나 인증 제도의 확대, 특히 제3자 인증 제도는 인증의 객관성을 확보한다는 점에서 형식적 신뢰를 얻는 데에는 성공하였으나, 생산과정의 유기적 관계의 확보보다는 투입재 중심의 신뢰에 바탕을 두면서 본래의 지향점으로부터 괴리되기 시작했다. 그 결과, 과정 중심의 관계의 확보보다는 결과 중심, 투입재 중심, 사후적 안전 중심, 더 나아가 감독 중심의 체계가 되면서 생산 농가가 유기농업의 주체가 아닌, 관리감독의 대상으로 되어 버렸다. 제3자 인증 제도는 순환이 전제되는 유기농업을 안전이 강조되는 유기농업으로 만들었고, 이로 인해 기업적 유기농, 단작화된 유기농 등 산업적 농업의 모델이 유기농업의 중심에 자리 잡게 되었다.

이에 대한 성찰로 나온 유기농 3.0은 지역에 근거를 두고 가치 사슬에 바탕을 둔 새로운 유기농업을 제안한다. 제3자 인증이라는 제도화가 유기농업의 확산에 미친 영향을 냉철하게 평가하면서, 유기농업의 관행화로부터 벗어나기 위한 고민의 지점들을 유기농 3.0은 제안하고 있는 것이다.

이 장에서는 유기농업 운동의 역사와 제도화, 유기농 3.0의 의미 등을 살펴본다.

❶ 현대 농식품 체계와 유기농업

현대의 농식품 체계는 화석연료, 화학비료, 농약, GMO, 공장형 축산, 성장 호르몬, 항생제에 의해서 떠받쳐지고 있다. 이로 인해 농촌 생태계 자체의 황폐화로 농업의 지속가능성이 위협받고, 식탁의 안전도 지킬 수 없는 상황이 되었다. 종자, 농약, 비료에서 시작해서 가공과 유통에 이르는 거의 전 과정이 거대 종자 업체와 농화학 업체, 유통업체, 가공업체의 지배를 받게 되었다. 농식품 부문의 세계화는 지역 차원에서 농업과 먹거리의 분열을 강화하고, 농민들은 초국적 농식품 복합체에 의해 주도되는 농식품 체계의 직접적인 영향을 받게 되었다.

대안적 농식품 운동은 기존의 거대 농기업과 거대 유통자본의 영향력에서 벗어나 농민과 소비자의 권리를 확보하는 운동이다. 이는 자본주의의 발전 과정에서 나타난 도시와 농촌의 분리 및 자연과 인간의 이분법을 넘어서려는 노력이라고 할 수 있다. 비록 작은 단위의 실험에서 시작되는 다양한 운동들이 결합을 통해서 새로운 흐름을 만들어 커다란 운동으로 진화하게 된다. 유기농업 운동이 대안적 농식품 운동에서 갖는 의미가 큰 것은 생산의 공간에서 시작된 운동이지만 여러 지점에서 세계 농식품 체계를 비판적으로 성찰할 수 있는 가치와 철학을 담고 있기 때문이다.

'산업적 농업'이란 한마디로 표현하면 농자재에서부터 생산 과정, 유통 과정이 자본의 지배하에 종속된 농업이다. 농사가 자본의 지배를 받게 되면서 종자뿐만 아니라, 농약, 비료, 기계 등 많은 농자재를 외부 자원에 의존하는 시스템으로 되어 버렸다. 더욱이 과거에 농민적 생산의 연장에서 이루어졌던 농산물 가공도 가공 자본의 손으로 넘어갔다. '산업적 농업'은 환경적으로 균형 잡힌 영농 체계를 무너뜨리고 유전적 자원의 다양성을 훼손하기 때문에 소비자의 자유로운 선택을 어렵게 만들고, 재생 불가능한 자원의 다량 투입을 전제하므로 지속가능성을 담보할 수 없고, 또한 농촌 생태계 자체의 황폐화와 식탁의 안전도 훼손하였다.

유기농업은 "물질 순환, 생물 다양성, 농업 생태계 건강성, 토양 생물 활성화 등 자연 생태계의 원리에 기반한 농업의 포괄적인 생산관리 체계"로 정의할 수 있는데, 유기농업이 대안적 농업으로 주목받는 이유는 환경친화적인 농업 기술과 자연과 인간, 도시와 농촌, 생산과 소비의 유기적 결합을 매개로 하는 사회체계의 변화에 대한 가치를 지향하고 있기 때문이다. 인류의 역사에서 보면 '산업적 농업'보다 훨씬 앞서서 존재했던 '유기농업'이 '산업적 농업'의 대안으로 거론된 이유는 '산업적 농업'이 가져온 폐해의 심각성에서 기인한다. 유기농업은 물, 흙, 공기 등 무생물의 자연과 동식물, 그리고 인간

자신의 건강을 보호하고 보전하는 것을 추구할 뿐만 아니라, 일반적으로 지속가능성이라고 하는 합리적 관리의 생산방식과 과정을 통하여 환경과 자연에 대한 영향을 최소화하면서 건강한 품질의 최종 생산물을 인간에게 공급하고자 한다. 아울러 유기농업은 인간과 자연, 생태계가 균형을 이루면서 자원의 순환 고리를 유지하는 것을 지향하는 농업이므로, 유기농업의 (상대적) 환경친화성은 '산업적 농업'과 구별되는 가장 기본적인 특성의 하나라고 할 수 있다. 또한 '산업적 농업'은 대체로 대규모 농지에서 대형 농기계와 기술집약적 시설 등 고정자산을 사용하여 대량으로 농산물을 생산, 가공, 공급하는 포디즘적 시스템에 기반을 두고 "규모의 경제(economies of scale)"를 중시하는 데 비해서, 유기농업은 다품목을 생산, 공급하기 때문에 다각화에 기반을 둔 "범위의 경제(economies of scope)"를 추구한다. 이에 따라 유기농업은 지역의 여건에 따라 경종농업과 원예, 축산이 서로 조사료와 천연 유기질 비료 등과 같은 물질을 매개로 한 연계를 지향하며, 이를 통해 외부로부터의 물질 공급과 외부로의 부산물 배출을 최소한도로 억제하는 지역 내 순환을 도모한다는 특징을 가지고 있다.

유기농업과 관련된 정의

CODEX(국제식품규격위원회): 생물 다양성, 생물학적 순환 및 토양의 생물학적 활동을 포함한 농업 생태계의 건강을 증진하고 향상시키는 종합직인 생산관리 시스템

IFOAM(세계유기농업운동협회): 토양, 생태계, 사람들의 건강을 유지하는 생산 시스템으로, 유해한 영향이 있는 투입재의 사용이 아닌 생태학적 과정, 생물 다양성 및 지역의 상황에 적응한 순환에 의존한다. 유기농업은 전통, 혁신, 과학을 결합하여 공유 환경에 이익을 가져오고, 포함된 모든 생명의 질 높은 삶과 공정한 관계를 촉진한다.

한국의 친환경 농어업(친환경 농어업 육성 및 유기식품 등의 관리·지원에 관한 법률): 생물의 다양성을 증진하고, 토양에서의 생물적 순환과 활동을 촉진하며, 농어업 생태계를 건강하게 보전하기 위하여 합성 농약, 화학비료, 항생제 및 항균제 등 화학 자재를 사용하지 아니하거나 사용을 최소화한 건강한 환경에서 농산물·축산물·임산물을 생산하는 산업

규모의 경제와 범위의 경제

규모의 경제란 생산 규모가 커짐에 따라서 생산물 1단위당 생산비용(평균비용)이 감소하는 현상. 대량생산의 장점을 이야기할 때 주로 사용되는 개념으로, 대규모 단작의 장점을 비용 측면에서 설명할 때 사용한다.

범위의 경제란 2가지 이상의 생산물을 생산할 때의 생산비용이 각각을 따로 생산할 때의 생산비용보다 적게 드는 현상. 다품목 생산의 장점을 이야기할 때 주로 사용하는 개념으로, 다원적인 영농 활동의 장점을 설명할 때 사용한다.

❷ 한국의 유기농업의 성장

1970년대 중반부터 시작된 한국의 유기농업 운동은 정농회와 가톨릭농민회 등이 중심이 되어 '농'에 대한 새로운 가치 인식과 공동체를 회복하는 데서 농업과 농촌이 처한 어려움을 해결해 보려는 새로운 움직임에서 태동하게 되었다고 할 수 있다. 1970년대 군사독재 하에서 정부는 식량 증산을 위해 다수확품종과 비료, 농약 등을 바탕으로 한 녹색혁명형 농업을 농촌 지역의 농업 현장에 강요했다. 1976년 8월 가톨릭농민회 익산 황등분회 분회장이 농약을 살포하고 집으로 돌아오다 논두렁에 쓰러져 세상을 떠난 것을 계기로 가톨릭농민회는 농약과 화학비료에 의존하는 농법을 대신할 효소 농법을 보급하기 시작했다. 생명 순환의 질서를 자각한 농민들이 중심이 되어 정부의 녹색혁명형 농업의 보급·확산 정책과는 전혀 다른 유기농 운동을 시작하였다.

최초의 유기농업 생산자 단체라고 할 수 있는 정농회가 1976년에 설립된 데 이어서 1978년에 한국유기농업협회가 설립되었다. 1980년대에 들어서면서는 농민회를 중심으로 농에 대한 새로운 가치 인식과 공동체를 회복하는 데서 농업과 농촌이 처한 어려움을 해결해 보려는 새로운 움직임이 태동했다. 이러한 흐름은 마을 단위의 농민회 기초 조직이었던 분회를 공동체 운동의 기초로 삼아 확산시키려는 움직임이 태동한 것이라고 할 수 있다. 공동체를 지향하는 움직임이 녹색혁명형 농업에 의문을 품었던 문제의식과 만나 가톨릭농민회 운동이 '생명 공동체 운동'으로 확장되었다. 기존의 많은 농민 단체도 정치적 문제 중심의 활동과 함께 유기농업을 중심으로 한 지역공동체 운동을 고민하기 시작했다.

1980년대 중반 이후, 한살림과 가톨릭농민회의 생명 공동체 운동 등을 시발로 한 소비자생활협동조합 운동은 유기농업의 확산에 큰 힘이 되었다. 녹색혁명의 폐해를 몸소 체험한 생산자들은 유기농업의 가치를 소비자에게 직접 알리는 유기 농산물의 직거래 사업을 전개했다. 특히 생협을 통한 직거래 사업은 정농회, 한국유기농업협회, 한국자연농업협회 등 유기농업 생산자 단체의 회원을 비롯하여 농민운동에서 시작된 한살림, 여성운동 단체인 한국여성민우회생협, 노동운동에서 지역 운동으로 전환한 활동가들이 주도한 지역 생협 등 다양한 운동 주체들에 의해 추진되었다. 한국기독교농민회는 1990년부터 활동 방향을 생명 공동체 운동과 유기농업의 지역 조직 활동을 병행하면서 환경 운동 단체 및 유기농업 단체와 유대를 강화하고 유기농업 연수회, 우리밀 살리기 운동 등에도 참여했다. 1994년 11월에는 유기농업 생산자 단체와 소비자단체가 모여 '환경보전형농업 생산소비단체협의회'를 구성하였고, 1998년 친환경 농업 육성법의 제정 이후 친환경 농업 육성 예산의 증대와 2002년 지방자치단체 선거를 기점으로 지자체별로 친환경 농업 육성 정책이 본격적으로 도입되면서 친환경 농업이 양적으로 성장할 수 있는 계기가 되었다.

친환경 농산물(저농약 포함) 재배 면적은 2000년에 2천여ha에 불과했지만, 2010년에는 19만 4천여ha로 크게 증가했다(표 5-1 참고). 이후 저농약 인증이 폐지되면서 감소하는 추세를 보이고 있다. 친환경 인증 면적 중에서 유기 재배 면적도 2012년에 최대를 기록한 이후 지속적인 감소 추세를 보이고 있고, 무농약의 경우도 2012년에 최대를 기록한 이후 2018년 현재 5만 4천여ha에 머무르고 있다. 이는 저농약 인증이 없어지면서 저농약에서 무농약, 그리고 무농약에서 유기로의 전환이 이루어진 것이 아니라, 관행 농업으로 되돌아가는 역주행이 나타난 결과라고 할 수 있다. 즉, 저농약 인증 폐지에 따른 농가의 대응이 무농약이나 유기 재배로 전환하기보다는 GAP나 관행 재배로 전환하는 형태로 진행되고 있기 때문이다. 또한 이런 현상의 원인에는 저농약에서 차지하는 비율이 80%나 되는 과실류의 경우 무농약 이상의 재배가 어렵다는 점도 작용했다.

저농약 인증의 폐지가 유기 및 무농약 생산 면적의 증가로 연결되지 못한 가장 큰 이유는 그동안 정부가 장려한 친환경 농업 육성이 새로운 농가 소득원의 창출로 이어지지 못했다는 데 있다. 안전만을 강조하는 친환경 농산물 판매 정책이 잔류 농약 없는 안전한 농산물로서의 이미지만 강조하면서,

구분	유 기		무농약		저농약		계	
	농가수	면적	농가수	면적	농가수	면적	농가수	면적
2000	353	296	1,060	876	1,035	867	2,448	2,039
2005	5,403	6,095	15,278	13,803	32,797	29,909	53,478	49,807
2010	10,790	15,517	83,136	94,533	89,992	83,956	183,918	194,006
2011	13,376	19,311	89,765	95,253	57,487	58,108	160,628	172,672
2012	16,733	25,467	90,325	101,657	36,025	37,165	143,083	164,289
2013	13,957	21,206	89,992	98,237	22,797	22,208	126,746	141,651
2014	11,633	18,306	56,756	65,061	16,776	16,679	85,165	100,046
2015	11,611	18,143	48,407	56,996	7,599	7,629	67,617	82,768
2016	12,896	19,862	49,050	59,617	-	-	61,946	79,479
2017	13,379	20,673	46,044	59,441	-	-	59,423	80,114
2018	15,528	24,666	41,733	53,878	-	-	57,261	78,544

표 5-1. 친환경 농산물 생산 농가 및 면적 추이
자료: 국립 농산물품질관리원 홈페이지

그동안 생산자와 소비자가 함께 만들어 왔던 유기농의 운동성은 약화되었고, 생산과정의 유기적인 관계나 생산자와 소비자 사이의 관계성도 희박해졌다. 더욱이 정부가 친환경 농업 육성 정책을 시행하는 과정에서 유기농 투입재인 토양 개량제와 작물 보호제 등 대체 유기 농자재에 의존하는 시스템이 고착되었고, 정부의 〈목록 공시〉에 등록된 고가의 자재를 구입하여 사용하다 보니 친환경 생산 농가의 경영비 증가로 인한 농업 소득률 인하로 연결되었던 것이다. 양적 지표의 성장에만 몰두했고, 정부의 친환경 농업 관련 예산도 친환경 농자재

지원에 집중되었다. 농업 생산의 물적 순환을 원활하게 하는 '유기적 시스템'의 구축이라는 과정에 대한 고민보다는 '안전한 농산물'이라는 결과만이 중시되는 전혀 유기적이지 못한 구조가 만들어진 것이다. 유기농업에 대한 관점에서 관계 중심적 접근이 아닌 물질 중심적 접근이 주도하고, 유기농업이 단순히 생산과정에서 화학합성 물질 대신 유기 농자재를 사용하는 농업으로 축소되면서, 관행 농업과 대비해서 법률적 기준을 가지고 검증하고 관리하는 결과주의적 접근이 자리잡게 되었다. 그래서 유기농업은 '유기적인 농업'이 아닌 '유기질을 활용한 농업'으로 정착되어 버린 것이다.

❸ 유기농업의 위기 — '관행화'

유기농업의 관행화는 '산업적 농업'의 특징이 유기농업의 각 부문에서 나타나는 현상을 말한다. 그 구체적인 징표로는 외부에서 생산된 투입재 및 에너지 집약적 투입재의 의존 증가, 직거래와 같은 비시장적 방식에 의한 마케팅(non-market marketing)보다는 대중 지향형 마케팅에 대한 의존 증가, 유기농업의 전통적 가치나 이념보다는 이윤 극대화를 위한 시장 지향형 사업 강화 등을 들 수 있다. 또한, 소규모 유기농가가 규모화된 농가로 대체(퇴출)되거나, 유기농업의 주체가 가족농으로부터 기업적 경영체로 대체되고, 생산자-소비자 간의 직접적 관계가 시장을 통한 단절된 관계로 대체되고, 다품목 생산이 단작으로 대체되는 것도 관행화의 징표라고 할 수 있다. 또한, 획일적인 유기 농산물 기준이 제정되면서 농업 관련 기업은 이 기준에 맞춰서 투입재를 생산하고, 농민들은 그 기준에 맞는 농산물을 생산하기 위해서 농업 관련 기업이 생산한 투입재에 의존하게 되는 것이다. 그 결과, 유기농업도 "내부의"(농생태적) 조절에 의존하는 것이 아니라 '산업적 농업'과 똑같이 외적인 투입재로 대체되었다. 즉, 유기농업이 '산업적 농업'에 사용되는 투입재와 종류만 다른 시스템에 불과하게 되었고, "유기농"이라는 라벨은 여전히 에너지 집약적이고 대규모 단작에 기반을 두고 있다는 특징을 가지게 된 것이다. 여기에 더해서 농기업들이 전혀 유기적이지 않으면서 기업의 이윤 추구 수단으로 활용하는 "기업의 기회주의적 녹색화"가 유기농업의 관행화를 더욱 심화시켰다.

한국에서 유기농업의 관행화가 크게 진행된 이유는 정부의 친환경 농업 정책이 수입 개방 확대에 대응한 경쟁력 확보 차원에서 추진되어 규모화, 전문화 및 대량 유통이라는 신자유주의 개방 농정의 기본 방향과 동일한 맥락에서 추진되었다는 것으로 요약된다. 정부가 유기질 비료 지원에 재원을 집중하고 친환경 · 유기농 자재 목록 공시 등 투입재 중심의 인증제를 강화한 것은, 안전성을 명분으로 하고 있지만, 소규모 농가의 진입 장벽으로 작용했다. 외국의 경우에도 전체 농가에서 대규모 농가가 차지하는 비율보다 유기 생산 농가에서 대규모 농가 비율이 높은데, 한국의 경우에도 동일한 현상이 나타난다. 이를 친환경 농산물 전문 유통업체를 통해서 농산물을 판매하고 있는 농가의 판매 금액별 분포를 통해서 확인할 수 있다. 즉, 전체 농가에서 판매 금액 기준 1억 원 이상의 농가는 2%에 불과하지만, 친환경 농산물 전문 유통업체에서는 그 비율이 8%에 이른다. 반대로 판매 금액 500만 원 미만의 농가는 전체 농가의 48%에 달하지만, 친환경 농산물 전문 유통업체를 통해서 판매하고 있는 농가에서 그 비율은 19%에 불과하다(표 5-2 참고).

	판매 금액 기준 친환경 농산물 전문 유통업체 비중		판매 금액 기준 전체 농가 비중	
	2015년	누적	2015년	누적
2억 원 이상	5%	5%	1%	1%
1억~2억 원	8%	12%	2%	3%
5천~1억 원	16%	28%	6%	9%
3천~5천만 원	14%	41%	7%	16%
2천~3천만 원	11%	53%	8%	24%
1천~2천만 원	15%	68%	13%	36%
500~1천만 원	14%	82%	16%	52%
300~500만 원	9%	91%	15%	67%
120~300만 원	7%	97%	18%	85%
120만 원 미만	3%	100%	15%	100%

표 5-2. 판매 금액 구간별 농가 비중(2015)
자료: KOSIS

따라서 유기농업이 기존의 관행 농업을 대체한다는 좁은 개념을 넘어서, 지속가능한 사회 발전을 위해서 환경과 농업의 다원적 기능을 살리는 농업 구조로 전환을 모색하는 새로운 접근이라는 면이 보다 깊게 고려되어야 한다. 땅과 인간, 농촌과 도시, 농과 식이 함께하는 순환의 체계는 기업적 경영체에 의해서는 달성할 수 없다. '산업화된 유기농업'은 더 이상 순환의 체계를 만들어 가는 '살림의 농업'이 아니라 '죽임의 농업'이다.

더욱이 '산업화된 유기농업'은 여기에서 그치지 않고, '세계화된 유기농업'으로 나아간다. 2014년에 한국이 미국, EU와 '유기 가공식품 상호 동등성 인정 협정'을 채결한 것이 대표적인 사례이다. 사회적 비용이라는 측면에서 보면, 국내에서 생산한 유기 농산물의 사회적 비용은 '관행 농산물'의 사회적 비용보다 훨씬 낮지만, 해외에서 수입된 유기 농산물의 사회적 비용은 국내에서 생산된 '관행 농산물'의 사회적 비용보다 훨씬 크다. 이는 농자재의 경우에도 마찬가지라고 할 수 있다. 전혀 어울리지 않는 '세계화'와 '유기'라는 두 개념이 만나서 "세계화된 유기 농산물"이 자유무역의 틀 안에 깊숙이 자리 잡고 있다.

❹ 관행화에 대한 성찰과 유기농 3.0

인증 중심의 유기농업에 대한 비판적 성찰에 대한 요구는 유기농 3.0으로 이어졌다. 유기농업의 세계적 확산에 기여해 온 IFOAM(International Federation of Organic Agriculture Movement, 세계유기농업운동협회)은 제3자 인증에 기반한 유기농업이 초래한 부정적 결과에 대해서 냉정하게 평가하면서 유기농 3.0을 제안하기에 이르렀다. IFOAM은 유기농업의 역사를 대략 100년 정도로 보고 있는데, 이는 19세기 말에서 20세기 초에 걸친 과학기술 혁명(흔히 제2차 산업혁명)으로 농업의 화학화가 추진되면서 이에 대한 문제의식으로부터 유기농업이 시작되었다고 보고 있기 때문이다.

IFOAM은 유기농을 세 개의 시기 또는 단계로 구분하면서 유기농 1.0(1920년대~70년대)은 농업의 화학화 · 산업화에 대응하는 민간 주도의 생명 역동 농업(bio-dynamic agriculture)을 핵심 가치로 보고 있다. 유기농 2.0(1970년대~현재)은 제3자 인증에 의한 유기농업의 가치 실현이 핵심 가치였다고 보고 있다. 특히 유기농 2.0과 관련해서 1972년 IFOAM의 설립으로 체계적이고 과학적인 국제 운동으로 유기농의 표준화가 실행되면서 이를 바탕으로 시장의 개척이 이루어졌다고

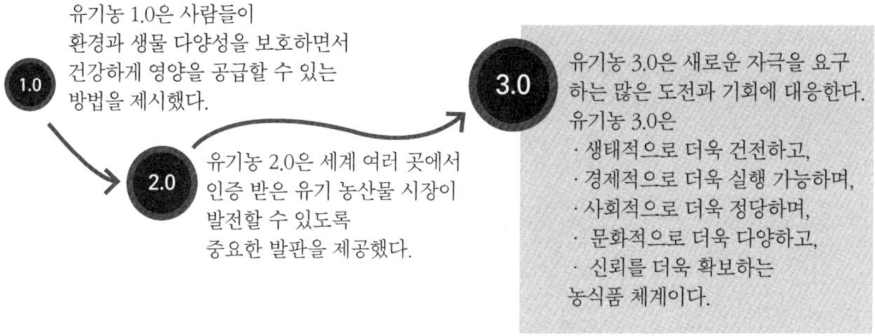

1.0

유기농 1.0은 사람들이
환경과 생물 다양성을 보호하면서
건강하게 영양을 공급할 수 있는
방법을 제시했다.

2.0

유기농 2.0은 세계 여러 곳에서
인증 받은 유기 농산물 시장이
발전할 수 있도록
중요한 발판을 제공했다.

3.0

유기농 3.0은 새로운 자극을 요구
하는 많은 도전과 기회에 대응한다.
유기농 3.0은
· 생태적으로 더욱 건전하고,
· 경제적으로 더욱 실행 가능하며,
· 사회적으로 더욱 정당하며,
· 문화적으로 더욱 다양하고,
· 신뢰를 더욱 확보하는
농식품 체계이다.

그림 5-1. 유기농 3.0의 필요성
자료: IFOAM

보고 있다. 유기농 2.0에 해당하는 40여 년 동안 세계의 유기농업 조직들은 생산 및 가공 표준을 개발하였고, 인증 체계(certification scheme)를 도입하였다. 1980년대에 유럽과 미국에서 유기 농산물에 대한 제3자 인증 제도가 처음으로 시작되었고, 현재는 80개국 이상의 국가로 확대되었다. 한국의 경우와 마찬가지로 인증 시스템을 계기로 유기 농산물 시장이 확대되었고, 점검과 인증을 통한 표준화와 규제는 소비자와 정책 수립자들의 신뢰를 확보하여 유기농업의 확산에도 기여했다고 할 수 있다.

그러나 '인증에 기반을 두고 있는 유기농업'의 확산보다도 더욱 중요한 것은 전 세계의 소규모 농가들이 인증에 기반을 두지 않으면서도 실천하고 있는 생태 농업의 핵심에 자리 잡고 있는 유기농 시스템이라는 인식이 확산되면서 유기농 3.0을 제안하게 된다. 즉, 현재의 제3자 인증 중심의 유기농업(유기농 2.0)이 아닌, 소규모 농가들이 실천하는 생태 농업의 핵심에 자리 잡고 있는 유기적 시스템에 주목했다.

> 인증된 유기 생산이나 소비가 보여 주는 수치보다 유기농 시스템이 가지고 있는 의미는 훨씬 중요하다. 남반부의 많은 나라의 소규모 농가들이 실천하는 생태 농업의 핵심에는 유기농 시스템이 있으며, 이들은 자신들의 농장에 농생태적 디자인을 향상시킴으로써 많은 혜택을 얻고 있다. (IFOAM Organics International, 2015)

예를 들면, 인도네시아에서 농생태 농업(agroecological agriculture)을 실천하고 있는 농민운동 조직인 SPI(Serikat Petani Indonesia, 인도네시아농민연합)는 의도적으로 유기(organic)라는 용어의 사용을 회피하고 있다. 이들은 이른바 유기농 기준을 충족하는 농산물을 만들어 낼 수 있는 능력이 없기 때문에 그 용어를 사용하지 않는 것이 아니라, 의도적으로 사용하지 않는다. 제3자 인증이라는 시스템 자체가 농민의 부담을 가중시킨다는 점, 외부 자재에 대한 의존을 증가시킨다는 점, 농민 스스로의 자조 능력과 자존감을 훼손한다는 점 등이 그 이유이다. 이들은 지역에서 소비자들과의 직거래를 통해서 생산물의 대부분을 처리하고 있으며, 유기 농산물이라는 인증이 없기 때문에 비싸게 팔지도 않지만, 신뢰를 바탕으로 하는 것이 판매에서 유리하다고 했다. 또한, 자신들이 '생태적'인 농업 생산을 하기 때문에, 그리고 종자나 외부 자재에 대한 의존도가 매우 낮기 때문에 이로부터 얻는 이득이 크다는 평가를 내리고 있다.

IFOAM은 유기농 2.0이 갖는 한계, 특히 인증과 관련한 문제를 다음과 같이 거론하고 있다(IFOAM Organics International, 2015).

- 유기농 기준은 최소한의 요구 조건이지 높은 수준의 목표가 아니다. 경우에 따라서는 유기농 기준으로 인해 유기농의 원칙(Organic Principles)을 충족하지 못하기도 하고, 유기농의 원칙을 발전시키지도 못한다.
- 유기농 2.0에서의 인증(certification), 제3자 확인(verification), 상세한 기준 등은 가치 사슬(value chain)과 농민에게 부담으로 작용했다. 소규모 생산자들은 대부분 이러한 추가적인 부담을 떠맡을 수 없다.
- 인증 시스템은 속임수에 취약한데, 특히 장거리 유통 과정에서 그러하다.
- 많은 농민들이 교역 측면에서 사회적 요구 사항(social requirements)이나 공정성(fairness)과 같은 높은 수준의 실천을 우선적으로 잘 실행하고 있지만, 유기농 기준으로는 이를 직접적으로 규제할 수 없다.

이와 같이 IFOAM은 인증 중심의 유기농업이 갖는 한계들,

즉 결과 중심의 인증 체계가 갖는 한계, 인증이라는 제도가 소규모 농민에게 경제적 부담을 가져오고, 이것이 소비자의 부담으로 연결되는 문제점, 결과 중심의 인증이 과정에 대한 책임성을 희석시켰다는 점, 유기농업의 가치와 철학을 높은 수준에서 실천하는 부분들을 인증이라는 제도 속에 포함시킬 수 없다는 점 등을 거론하고 있다.

새롭게 제안된 유기농 3.0은 "혁신, 최선의 실천(best practice)을 향한 진보적인 향상, 투명성, 폭넓은 협동, 전체론적 시스템과 진정한 가치에 의거한 가격 결정(true value pricing)의 문화를 바탕으로 유기농 원칙에 기반을 둔 시장과 진정으로 지속가능한 영농 체계의 폭넓은 활용을 가능하게 하는 것"을 목표로 하고 있다. 즉, "최종적인 고정된 결과(final static result)를 달성하기 위한 일련의 최소한의 규칙을 강요하는 대신, 결과에 기반(outcome-based)하면서 지속적으로 지역적 맥락(local context)에 맞추어 조정하는 것을 본질"로 한다(IFOAM Organics International, 2015). 이 때문에 유기농 3.0은 유기농의 기준을 재정립하는 것에 초점이 맞추어져 있는 것이 아니라, 그동안 IFOAM이 추진해 왔던 일련의 정책들에 대한 성찰을 바탕으로 보다 폭넓게 유기농 운동을 확산하려는 목적을 가지고 있는 것으로 평가할 수 있다.

유기농 3.0의 전략은 모든 경우에 일괄적으로 적용할 수는 없지만(there is no 'one-size-fits-all' approach), 유기농의 중심이라고 할 수 있는 다양성을 끊임없이 증진시키는 다음과 같

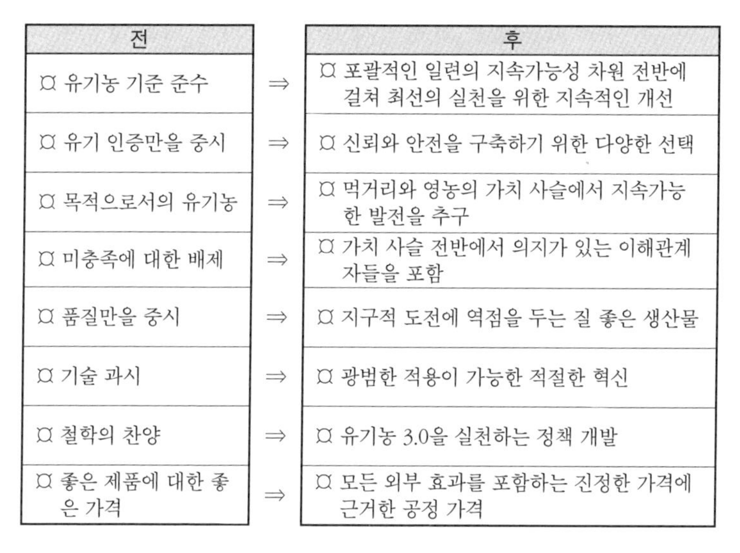

전		후
¤ 유기농 기준 준수	⇒	¤ 포괄적인 일련의 지속가능성 차원 전반에 걸쳐 최선의 실천을 위한 지속적인 개선
¤ 유기 인증만을 중시	⇒	¤ 신뢰와 안전을 구축하기 위한 다양한 선택
¤ 목적으로서의 유기농	⇒	¤ 먹거리와 영농의 가치 사슬에서 지속가능한 발전을 추구
¤ 미충족에 대한 배제	⇒	¤ 가치 사슬 전반에서 의지가 있는 이해관계자들을 포함
¤ 품질만을 중시	⇒	¤ 지구적 도전에 역점을 두는 질 좋은 생산물
¤ 기술 과시	⇒	¤ 광범한 적용이 가능한 적절한 혁신
¤ 철학의 찬양	⇒	¤ 유기농 3.0을 실천하는 정책 개발
¤ 좋은 제품에 대한 좋은 가격	⇒	¤ 모든 외부 효과를 포함하는 진정한 가격에 근거한 공정 가격

표 5-3. 유기농 3.0으로 인한 변화의 전과 후
자료: IFOAM

은 6가지 주요 특징을 포함한다(IFOAM Organics International, 2015: 14).

1. 더 많은 농민들이 유기농을 실천하도록 유도하고, 성과를 증진하는 혁신의 확산
2. 지역 단위에서 최선의 실천을 위한 꾸준한 개선
3. 제3자 보증이나 인증을 넘어서서 유기농의 실천을 확대하기 위한 투명성을 보장하는 다양한 방법
4. 진정으로 지속가능한 먹거리와 영농을 위해 보완적인 접근

을 하고 있는 많은 운동들과 조직들과의 연대를 통하여 폭넓게 지속가능성과 관계된 관계자들을 포용

5. 가치 사슬을 따라 진정한 협력과 독립을 인정하면서 농장에서 최종 생산물에 이르는 전 과정을 포괄
6. 비용을 내부화하고, 소비자와 정책 입안자들에게 투명성을 높이고, 완전한 협력자로서 농민들이 능력을 갖도록 진정한 가치와 공정한 가격 설정

이와 같이 유기농 3.0은 경쟁이나 차이에 기반을 두기보다는 지속가능성에 대한 폭넓은 관심, 공동의 비전에 기반을 두면서도 뜻이 비슷한 조직들과 함께 동맹을 만들어 내기 위해 노력의 필요성을 강조하고 있다. 이런 점에서 유기농 3.0은 유기농업의 가치와 철학을 공유하는 생태 농업, 중소 규모의 농가가 중심이 된 다양한 농민운동, 로컬푸드 운동, 도시농업 등 지속가능한 농업을 고민하는 운동과의 연계를 강화해야 한다는 의미를 담고 있다. 유기농과 관련된 수없이 많은 조직과 사업, 농민, 가공업자들의 존재는 농업의 지속가능성을 확대할 수 있는 많은 가능성을 시사하는 것이다.

한편, 건강, 생태, 공정, 배려라는 4가지 원칙에 입각한 IFOAM의 미션은 유기농 3.0에 있어서도 핵심 가치로 유지되고 있다. 이는 유기농 운동이 다양한 형태의 대안 농식품 운동을 전개해 온 유기농과 관련된 수없이 많은 조직들과 이들 조직의 사업, 농민, 가공업자들과 함께 농업의 지속가능성을 확

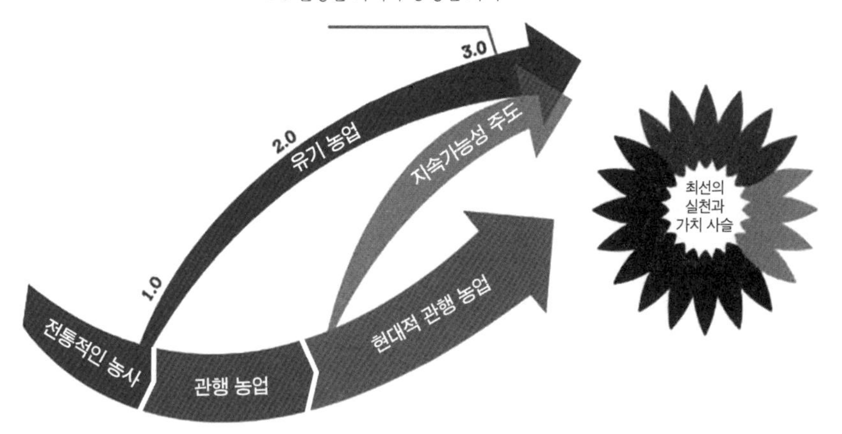

그림 5-2. 지속가능한 농식품 체계
자료: IFOAM

대할 수 있는 여지가 매우 넓다는 점을 시사하는 것이기도 하다.

⑤ 농민과 소비자가 함께하는 유기농업

대안 농식품 운동은 단순히 농산물 체계만이 아니라 사회 전체가 새로운 패러다임을 통해 대안 사회를 추구하는 노력이 수반되어야 한다. 유기농업이 대안적 농업으로 주목받는 이유는 환경친화적인 농업 기술과 자연과 인간, 도시와 농촌, 생산과 소비의 유기적 결합을 매개로 하는 사회체계로의 변화를 지향하고 있기 때문이라고 할 수 있다. 유기농업 운동은 지역별 환경 요인에 바탕을 두고 생산 규모를 조정하고, 자연 순환 농법과 저투입 농법을 확산시키면서, 사회경제적, 정책적 구성 요소들이 서로 유기적으로 관련을 맺는 시스템으로 농촌 구조가 전환을 모색하는 것일 뿐만 아니라, 이를 통한 지속가능한 지역사회로의 회복과 농촌 지역의 인간 권리의 회복까지 포괄하는 것이어야 한다. 유기농업은 사회적 형평과 분배 정의에도 부합하는 영농 형태라고 할 수 있는데, 중소 규모의 농가는 기업적 경영체와 경쟁할 때 어쩔 수 없이 마케팅 비용의 효율성에서 열세에 있지만, 중소 규모의 유기농가도 중간 수집상, 대형 가공업자, 도소매업자 등의 유통 단계를 거치지 않고 직거래를 확보함으로써 부가가치의 외부 유출을 막고 품질과 식품 안전성, 가격, 시장 안정성의 측면에서 생산자와 소비자가 함께 혜택을 받을 수 있다. 이 과정에서 유기농 생산 농가의 조직화, 생산자와 소비자의 연대 강화, 그리고 농가가 속한 공동체 사회의 조직화를 통해 궁극적으로 지역성(locality)의 해체를 막고 반대로 이를 활성화하는 계기가 될 수 있을 것이다.

유기농업은 단순히 안전한 농자재를 사용해 안전한 농산물을 생산하는 농업이 아니라, 농업, 농촌 내부의 자원을 이용해 농민들의 주체적인 계획과 노력에 의해서 이루어지는 농업이기도 하다. 따라서 유기농업이 유기농업답기 위해서는 농민들의 주체적인 활동을 이끌어 내는 것이 중요하다. 인증의 대상으로서의 농산물을 생산하는 것이 아니라, 농민 스스로가 농업의 지속가능성을 추구해 나갈 수 있도록 하는 터전을 만들어 가는 것이 유기농업이 해야 할 역할이다.

유기농민들도 생산에서부터 판매에 이르는 과정에서 유기농업답지 않은 모습이 어떤 것인지 성찰할 필요가 있다. 자원의 내부 순환이 강화되었는지, 유기농업을 통해서 자재의 외부 의존 정도(경종과 축산의 결합)는 감소되었는지, 유기농업을 실천하면서 지역 내 공동체성은 강화되었는지, 유기농업을 실천하면서 소비자와의 직거래는 증가했고, 이를 통해 도시민(소비자)과의 교류 활동이 증가했는지 등을 자문해 볼 필요가 있다. 만일 그렇지 못하다면, 혹은 일부 달성했다손 치더라도 부족한 부분이 있다면 그 부분을 보완할 수 있는 것이 무엇인지 찾아내야 한다.

IFOAM이 유기농 3.0에서 제안하고 있는 바와 같이, 인증 중심의 친환경 유기농업의 문제를 개선하기 위해서, 인증 제도에서도 제3자 인증을 대신해서 참여 인증 제도(PGS: Participatory Guarantee System) 또는 자주 인증 제도의 도입이 필요하다. 생산자는 스스로 생산을 자주적으로 점검하고 소비자는 생산자의 자주적인 점검을 생산 현장에서 직접 확인하는 참여 인증 제도는 저농약 인증제의 신규 중단 및 전면 폐지의 문제를 해결할 수 있는 방안이기도 하다. 즉, 제3자 인증으로 인한 유기농업의 정체성 훼손, 생산자와 소비자의 자발적인 참여를 바탕으로 하는 순환의 농식품 체계의 훼손, 그리고 이 과정에서 유기농 자재 생산 분야에 대한 거대 자본의 진출, 수입산 유기질 제재로 만든 유기농 자재 시장의 확대 등 '산업적 유기농'이 유기농업을 지배하는 상황을 극복할 수 있는 대안이기도 하다. 지역 속에서 인간과 자연의 순환을 원활하게 하고, 그 속에서 농업 종사자들의 권리를 회복시키고, 소비자의 식탁에 안전한 먹거리를 공급하는 공생과 생명의 유기농업 본래의 자리를 찾아가기 위해서는 생산 농민들만의 노력으로는 불가능하다. 따라서 이러한 참여 인증 제도의 도입은 소비자를 단순하게 소비자에 머무르게 하지 않고, 공동 생산자로서의 역할을 수행할 수 있도록 만드는 계기가 될 수 있다. 더욱이 친환경 유기농업이 진정한 의미에서 '유기적'인 농업이 되기 위해서는 지역에 바탕을 둔 유기농업이어야 한다. 그리고 지역공동체 내의 관계성을 극대화함으로써 유기적인 관계의 복원이 이루어질 수 있기 때문에, 참여 인증 제도는 이러한 관계의 회복에 중요한 역할을 수행할 수 있다. 아울러 현재의 농자재 중심의 지원 정책에서 지역공동체를 바탕으로 하는 순환적인 관계를 복원하는 지원 정책으로 전환되어야 한다. 이른바 지역 단위의 농가들이 결합한 협동조합을 통해서 내부 의존을 촉진하는 지원 정책, 농가들의 공동 작업을 촉진하고 더 많은 농민이 여기에 결합하도록 촉진하는 지원 정책, 생산된 친환경 농산물의 직거래를 매개로 소비자와의 직간접적인 교류와 접촉을 촉진하는 지원 정책 등이 함께 이루어져야 한다. 그리고 지역 순환 경제의 구축에 기여할 수 있도록 학교급식이나 공공 급식, 가공 부분에 지역의 친환경 농산물이 보다 많이 사용되도록 하는 정책적 지원이 있어야 한다. 최근 학교급식에서 친환경 농산물의 비중이 급증한 것은 공적 영역에서의 정책적 결정 사항이 농업 전반에 미치는 영향을 보여 주는 좋은 사례라고 할 수 있다.

유기농업은 기본적으로 과정에서 순환을 고민하는 영농이다. 이는 산업적 농업에 의해서 망가진 지속가능성을 확보하고자 하는 고민과 연결되어 있다. 환경적, 경제적, 사회적 측면에서의 순환이 지역 단위에서 이루어짐으로써 지역의 지속가능성이 달성될 수 있다. 지속가능한 지역을 만들기 위해서 중요한 요소는 지역에 있는 자원을 찾아내고, 이를 지역에서 활용하는 것이다. 이것이 지역 순환형 경제의 창출이고, 이러한 것들을 달성 가능하도록 만들기 위한 고민이 유기농업에 포함되어야 한다. 그리고 지역의 자원에는 물, 공기, 생태계 등 자연 자원뿐만 아니라, 한 사람 한 사람의 지혜, 기술, 그리고 이를 지원해 주는 신뢰 관계 등도 포함된다.

지역 순환형 사회는 지역을 만들어 온 자연 시스템이나 '지역공동체'에서의 생활의 지혜나 인간적인 유대를 유지 · 활용하면서 지역의 자원을 순환 이용하고, 이를 통해 지역의 경제를 만들어서 보다 나은 공동체를 형성하는 사회라고 할 수 있다. 또한, 이는 생산-가공-유통-소비라는 순환 체계가 지역 단위에서 확보될 수 있도록 하는 것은 유기농업의 정체성을 회복하는 데 있어서 매우 중요한 요소라고 할 수 있다.

소길댁 유기농 콩의 반전

요즘 민박집 주인으로 TV에 출연하고 있는 이효리 씨는 과거에 농산물품질관리원으로부터 계도 처분을 받은 경력이 있다. 화학비료와 농약에 의존하지 않고 자신이 키운 콩을 벼룩시장에서 직거래하면서 '소길댁 유기농 콩'이라고 도화지에 적어서 걸어 놨는데, 인증을 받지 않고 유기농이라는 말을 사용한 것이 문제가 되었던 것이다.

'소길댁 유기농 콩'을 계도 처분할 정도로 인증 제도가 신뢰받을 만하지 못하다는 것은 최근의 살충제 계란을 통해서도 확인되었다. 친환경 인증을 받은 산란계 농가에서 살충제가 검출된 비율이 전체 농가에서 검출된 비율보다도 높았다는 점만 보더라도 인증 제도는 안전한 먹거리를 온전하게 담보할 수 없다는 것은 명확하다. 인증 제도에 의지해서 소비자는 먹거리 불안을 덜 수는 있을지 모르지만, 그렇다고 인증 제도가 먹거리의 안전을 담보하는 처방전이 될 수 없는 이유는 현대의 농식품 체계가 근원적인 문제를 갖고 있기 때문이다.

현대의 먹거리 대부분은 전혀 녹색적이지도 않고 혁명적이지도 않은 녹색혁명에 의존하여 생산되고 있다. 현재 일반화되어 있는 다수확의 농작물 재배나 효율적 양계 등은 거대 농기업이 생산한 종자, 화학비료, 농약, 살충체 등 외부 농자재의 투입에 의존하는 농업이고, 그래서 이를 산업적 농업, 공장식 영농 또는 공장식 축산이라고 한다. 농작물의 생육에 도움을 주기 위해 투입되는 화학비료는 토양의 산성화와 수질의 오염을 가져왔고, 벌레를 잡기 위한 살충제는 더 독한 살충제로 진화되어 왔다. 제초제도 마찬가지였다. 살림의 농업이 아니라 죽임의 농업이 되는 과정에서 농민들의 생활도 더욱 어려워졌다. 이러한 끊임없는 악순환을 자각한 농민들이 식탁의 안전을 걱정하는 소비자들과 만나면서 유기농업 운동을 시작한 것도 이 때문이었다. 인증이 아닌 생산자와 소비자의 직접적인 관계가 신뢰를 대신했다.

그런 와중에 정부는 농산물 시장 개방에 대응하는 정책으로 유기농업을 비롯한 친환경 농업을 육성하기 위한 인증 제도를 1990년대 말에 만들었다. 이 과정에서 생산자와 소비자가 아닌 제3자가 주도하는 유기, 무농약, 저농약 등의 인증 제도가 도입되었고, 현재는 유기와 무농약을 친환경 인증의 대상으로 삼고 있다. 축산물은 유기, 무항생제 인증 등이 이루어지고 있다. 그런데 이렇게 도입된 인증 제도는 땅과 인간 사이의 순환의 고리를 어떻게 유지하면서 생산했느냐에 대한 고민은 적었고, 대신 어떤 농자재를 사용하였느냐에 초점이 맞춰졌다. 자연과 인간, 생산 활동 사이의 유기적인, 생태적인 고려보다는 친환경 농자재의 사용에 정책이 집중되다 보니 녹색혁명형 농업과 마찬가지로 외부 자재에 의존하는 '산업적 유기농업'이라는 어울리지 않는 두 단어의 조합이 완성되었다. 더욱이 인증 제도는 기본적으로 속임수라는 유혹에 빠지기 쉽다. 친환경 농자재를 공급하는 업체가 친환경 인증을 하기도 한다. 제3자 인증이 매우 객관적일 것이라는 판단이 빗나가는 지점이기도 하다.

그렇다면 먹거리에 대한 신뢰를 회복할 수 있는 방법은 없을까? 정부는 살충제 계란 사건을 계기로 인증 제도를 정비하고, 실사를 강화하고, 인증 기관에 대한 관리감독을 강화한다고 하지만, 이를 통해 먹거리의 신뢰가 회복되기는 어렵다. 인증 제도에 대한 신뢰가 높아진다는 것은 역설적으로 산업적 농업의 폐해가 그만큼 크다는 것을 보여 주는 것이다. 인증의 신뢰가 아니라, 먹거리 자체에 대한 신뢰이고, 이를 생산하는 생산자와 이를 소비하는 소비자 사이의 신뢰이다. 그 첫 단추는 소비자가 믿고 소비할 수 있는 먹거리를 농민이 지속가능한 방식으로 생산할 수 있도록 하는 시스템의 구축이다. 녹색혁명형 농업, 산업적 농업, 공장식 축산을 유기적인 농업, 생태적 농업, 동물 복지 축산으로 바꿀 수 있도록 하는 것이 중요하다. 또한 결과 중심의 인증 체계가 아니라 과정 중심의 인증 체계, 관계 중심의 인증 체계가 필요하다. 사람들은 유기농 인증이 붙은 먹거리보다 '소길댁 콩'이라는 얼굴 있는 먹거리를 더 신뢰하기 때문이다.

『고대신문』(2017. 9. 15)

6. 대안 농식품 운동의 진화
— 생협 운동과 학교급식 운동, 로컬푸드 운동

현대의 농식품 체계가 가지고 있는 문제 자체가 다층적이기 때문에 대안적 고민도 매우 다양한 층위에서 이루어질 수밖에 없다. 이는 현대 농식품 체계가 가지고 있는 문제가 더욱 심각해졌을 뿐만 아니라, 그 영향이 다양한 계층에 다양한 형태로 영향을 미치기 때문이기도 하다.

한국의 소비자생활협동조합(생협) 운동은 유기농업의 확산에 결정적인 기여를 했다. 1980년대 중반 이후 생협을 중심으로 한 유기 농산물 직거래 운동은 건강한 먹거리의 공급에 머무르지 않고, 깨어 있는 먹거리 시민을 양성하는 과정이기도 했다. 2000년대에 들어서 먹거리 불안이 사회적 이슈가 되면서 생협의 외형적 성장이 눈에 띄게 이루어졌으나, 이 과정에서 농(農)과 식(食)을 매개로 한 생산과 소비의 긴밀한 관계는 느슨해지고 대안 운동이 만들어 낼 수 있는 많은 의미 있는 가치들을 놓치게 되었다.

아이들에게 건강한 먹거리를 제공하고 농민에게 희망을 주는 운동으로 출발한 학교급식 운동은 보편적 복지의 실천과 건강한 먹거리의 공급을 통한 농업 회생이라는 측면에서 의미 있는 대안 농식품 운동으로 자리 잡았다. 그러나 그 먹거리의 조달에 생산 농가의 주도권이 온전하게 보장되지 못한 점, 친환경 식재료의 공급에 보다 많은 농가가 참여하지 못하는 조달 체계에 머물러 있다는 점 등은 여전히 과제로 남아 있다.

유기농업 운동, 생협 운동, 학교급식 운동의 접점으로 새로이 등장한 것이 로컬푸드 운동이라고 할 수 있다. 지역에서 생산된 먹거리를 지역에서 소비하자는 운동이 로컬푸드 운동이지만, 이 운동의 지향점은 지역 내 선순환 체계의 구축을 통해서 농업, 농촌, 농민을 살려 낼 뿐만 아니라 그 지역과 지역민들을 살려 내는 일이다. 먹거리를 매개로 지역에 활력을 만들어 내는 운동에 지역의 다양한 주체들의 참여를 끌어내는 운동이 로컬푸드 운동이라고 할 수 있다. 그러나 여전히 로컬푸드 운동을 농산물 유통 전략 수준으로 이해하는 경우도 많다.

이 장에서는 대안 농식품 운동의 역사와 진화 과정을 살펴본다.

❶ 유기농업과 생협 운동의 결합과 분열

한국의 소비자생활협동조합(이하 생협) 운동은 유기 농산물 직거래 운동과 함께 발전해 왔다고 해도 과언이 아니다. 1970~80년대 유기 농산물의 주요 소비자는 농업 문제나 환경문제 등에 관심을 갖고 있던 종교 단체나 시민 단체의 회원이었고, 취급 품목도 저장성 곡류나 전통 가공식품이 주류를 이루었다. 당시의 유기 농산물 직거래는 생산자가 지역의 경계를 넘어서 소비자를 찾아 나선 경우가 많았기 때문에 관계성의 측면에서는 매우 높은 수준을 갖고 있었다고 할 수 있다. 유기 농산물의 직거래를 담당할 소비자 측의 주체가 형성되기 시작한 것은 1980년대 중반 이후라고 할 수 있다. 유기농업 생산자들이 판매를 위해 도시에 직매장을 만들어 소비자를 조직하거나 종교 단체나 여성운동 단체, 환경 운동 단체, 노동조합 등이 유기 농산물 직거래를 추진하기 시작했다. 한살림과 가톨릭농민회의 생명 공동체 운동 등을 시발로 1980년대 후반부터 유기농업을 뒷받침하면서 밥상의 안전을 챙기려는 생산자와 소비자의 유기 농산물 직거래 운동이 보다 조직적으로 확산되었다.

1980년대 중반까지 생산자가 주도한 친환경 농산물 직거래는 1987년 이후 도시 지역에 출현한 생협을 통해 도시 지역으로 주도권이 이동하게 되었다. 도시 지역 개별 단위의 생협들은 도농 상생의 생명 운동 이념을 바탕으로 대면적 신뢰 관계 하에서 친환경 유기 농산물의 직거래와 농촌 체험 및 도농 교류를 진행했다.

친환경 유기 농산물의 직거래를 토대로 성장한 한국의 생협 운동은 친환경 유기농업의 시장 확대와 이를 소비할 의식 있는 소비자 층을 형성하는 데 큰 공헌을 해 왔다. 특히, 1990년대에 들어서 낙동강 페놀 오염 사건, 시화호 오염 사건 등 대형 환경 관련 사건들이 터져 나오고 생활환경에 대한 관심들이 높아지면서, 또한 식품 오염 사고들이 계속 이어지고 아토피와 같은 문명병이 급속도로 퍼져 가면서 시민들의 호응을 얻어 성장의 기반을 마련하게 되었다. 이 시기에 수도권의 다수 생협 조직들은 물류 연합체를 통하여 물류 사업에 집중하고, 단위 생협은 각종 운영 조직을 통해서 지역 차원의 활동을 전개하게 된다. 아울러 신규 매장 개설 등을 통해서 조직과 사업의 성장세를 유지하게 되었다.

표 6-1에서 볼 수 있는 바와 같이, 물품 공급액은 2004년 1,663억 원에서 2018년에는 1조 1,473억 원으로 7배가 되었고, 조합원 수는 2004년 20만 4천 명에서 2018년에는 119만 5천 명으로 10배 가까이 되었다. 이러한 양적인 성장이 이루어지는 가운데 생협 조합원은 단순히 먹거리의 소비자에 머물지 않고, 농업을 지키기 위한 적극적인 행동에도 나섬으로써

구분		2004	2006	2008	2010	2012	2014	2016	2018
공급액	한살림연합	70,202	93,592	132,597	187,598	253,537	345,409	394,532	433,998
	아이쿱 생협연합회	42,813	73,407	130,150	280,000	427,900	471,944	552,303	570,839
	두레생협 연합회(28)	25,013	31,707	36,815	70,260	101,649	110,932	118,308	122,322
	행복중심 생협연합회	6,607	7,479	11,352	20,529	16,900	17,941	21,286	20,093
	기 타	21,651	18,107	23,839	33,548	7,952			
	합 계	166,286	224,292	334,753	591,935	807,938	946,226	1,086,429	1,147,252
조합원수	한살림연합	99,761	132,787	170,793	247,072	346,500	480,105	586,240	661,143
	아이쿱 생협연합회	31,950	30,725	54,660	110,000	194,856	218,585	250,980	282,720
	두레생협 연합회(28)	29,856	37,670	44,575	85,000	142,359	173,025	195,907	213,168
	행복중심 생협연합회	11,155	12,911	17,187	24,900	30,170	34,432	38,224	38,316
	기 타	31,612	31,795	37,420	49,620	7,587			
	합 계	204,334	245,888	324,635	516,592	721,472	906,147	1,071,351	1,195,347

표 6-1. 생협 조직 및 사업 현황 (단위: 백만 원, 명)
자료: 한살림사업연합

생협의 힘을 보여 주기도 했다. 예를 들면, 우리쌀 지키기, 우리밀 살리기 1만인 대회를 주도적으로 진행했고, 한미FTA소비자대책위원회에서 적극적으로 활동하기도 했고, 미국산 쇠고기 수입 반대 촛불 집회에도 주도적으로 참여했다. 이처럼 생협 운동은 생태 위기를 해결하는 데 있어서 생산자들의 노력에만 전적으로 의존해서는 해결할 수 없다는 각성과 함께 진행되었다.

그러나 최근에는 매장이 가능한 입지가 부족하게 되고, 특정 입지 내에서는 생협 간의 경쟁이 심화되면서 곧 친환경 유기농 전문 매장이 포화 상태에 이를 것이라는 전망도 나오고 있다. 또한 생협들이 규모의 경제를 실현하기 위해 만들어 낸 전국적인 물류 체계로 인해 생산자와 소비자의 연대와 신뢰라는 생협 운동의 기본적인 토대마저 왜곡될 위험에 처해 있다. 생협의 신장이 협동조합 운동 자체의 노력과 함께 끊임없는 먹거리의 위험이라는 외적인 요인이 크게 작용한 측면이 있기 때문에 생산자와 소비자의 관계성보다는 물류 효율을 중시하는 사업 전개는 일반 기업의 친환경 농산물 시장 진입과 경쟁하면서 운동성을 더욱 빈곤하게 만들 수 있다. 이런 과정에서 생협 운동이 출발할 당시 지니고 있던 총체적인 사회운동으로서의 문제의식이 퇴색하고 유기 농산물 직거래 사업으로 귀착되어 버리는 측면을 간과할 수 없다.

망가진 땅과 사람의 관계를 되살리는 '과정을 조직하는' 운동의 부재는 필연적으로 수익만을 좇는 생산자와 먹거리의 안전만을 찾는 소비자를 양산하게 되었다. 즉, 생산자는 수익을 좇아서 유기농업을 선택하고, 소비자는 안전한 먹거리로서의 유기 농산물을 찾는 경향이 심화되면서, 유기농업이 본래 갖고 있는 생태적 의미나 생협의 사회운동으로서의 의미가 급속하게 퇴색하고 있다. 생협 조직이 유통 규모 확대를 통해 살아남기 전략에 몰두하면서 정작 지역사회 내에서 먹거리와 관련한 공적인 활동을 소홀히 한 측면도 간과할 수 없다. 최근의 생협 물류의 중앙 집중화에 따른 생산자-소비자 관계 및 지역 운동, 생산자 공동체의 약화 등을 해소하기 위한 대책이 필요하다.

또한, 생협에 가입하는 조합원이 늘어나고, 가입 동기가 안전한 먹거리의 구매에 집중되면서, 생협을 시민운동의 관점에서 이해하기보다는 생활재를 구매할 수 있는 매장으로 인식하는 경우가 많아졌다. 생협들이 규모의 경제를 실현하기 위해 만들어 낸 전국적인 물류 체계로 인해 생산자와 소비자의 연대와 신뢰라는 생협 운동의 기본적인 토대도 위협받는 측면이 있다. 생협 운동이 산지의 대규모화와 단일 품목 중심의 물류 사업으로 변화되면서 그동안 생산자와 소비자의 직거래를 통해서 서로 간의 관계를 심화시키고자 했던 노력도 줄어들게 되었다. '얼굴 있는 농산물'의 자리에 '얼굴'은 사라지고 '안전'이 대신하고 있다고 할 수 있다.

물류의 효율성과 경제성의 확보에 치우친 사업 전개에 따라 생산자-소비자 사이의 대면적 신뢰 관계는 제도적 신뢰 관계로 대체되었다. 그리고 많은 지역 생협들이 물류 연합체의 전국적인 물류망과 물류센터를 통해 물품을 공급받게 되면서 독자적으로 생산지와의 관계를 유지하기 어려운 상황이 되었다.

농업의 의미를 새롭게 보고, 농업을 본래의 자리로 되돌려

놓으려는 유기농업은, 생산 농민들만의 노력으로는 불가능한 상황에서, 생협 운동이 가세함으로써 확산될 수 있었다. 따라서 생협의 활동이 소비자에게 유기 농산물을 손쉽게 구입할 수 있도록 구매의 편의를 높이는 것에만 매몰된다면, 확대된 친환경 유기 농산물 시장은 수입산이 대신할 것이다. 더욱이 생협의 양적 성장에는 자체의 노력도 크게 작용했지만, 먹거리의 안전에 대한 소비자들의 불안이라는 외적인 요인이 작용한 측면이 있기 때문에, 생산자와 소비자의 관계성보다 물류 효율을 중시하는 사업 전개는 일반 기업의 친환경 농산물 시장 진입과 경쟁하면서 운동성을 더욱 빈곤하게 만들 수 있다. 최근 식품 · 유통 자본들이 유기 농식품까지 수입을 확대하면서 유기 농산물에 대해 생협이 갖고 있던 지위는 크게 약화되고 있다. 시장적 도구성에 집중하여 협동조합의 정체성이 훼손되면서, 운동체적 성격은 희석되고 사업체적 성격에 매몰되는 경향이 보이기도 한다.

이런 상황에서 현재 생협 조직은 소비 시장의 확대에 더욱 치중하는 상황이 되었다. 이는 생협 운동이 한국이라는 특수한 상황에서 지역에는 존재하지 않는 '거대한 시장'인 수도권을 주된 소비지로 삼을 수밖에 없었던 측면도 간과할 수 없지만, 이 과정에서 지역의 친환경 농업 생산자 조직들이 기존 유통 체계만큼이나 생협 내에서도 경쟁적인 국면으로 내몰렸다. 생협 운동을 발판으로 확산될 수 있었던 유기농업이지만, 이제는 생협이 유기농업의 관행화에 어떻게 영향을 끼쳤는지 성찰할 필요가 있다.

따라서 전국 단위로 편재되어 있는 현재의 구조를 지역에서 출발하여 보다 촘촘하게 하면서, 이를 밑그림으로 재구조화하는 방향을 모색해야 한다. 단선적인 전국 단위의 물류 구조가 아닌 지역 내 물류가 보다 확대될 수 있도록 하는 노력이 필요하다. 그동안 생협 조직이 물류 사업 확대에 몰두하면서 정작 지역사회 내에서 농업과 먹거리의 선순환적인 사회적, 경제적, 생태적 관계의 확산에 소홀히 했던 부분에 대한 반성도 필요하다. 운동체와 사업체의 모순적 통일체이면서 결사체인 협동조합이 지향해야 할 부분을 놓치고 있는 것은 아닌지 냉철하게 살펴봐야 할 것이다.

❷ 학교급식 운동

한국의 학교급식 운동은 대안 농식품 운동의 역사에서 갖는 의미가 각별하다. 학교급식 운동은 먹거리의 시장화에 저항하면서 먹거리의 공공성 강화를 시민운동과 결합하여 진행되었다는 점에서, 한국의 대안 농식품 운동에서 하나의 전환점을 만들었다고 할 수 있다. 학교급식 운동은 2002년부터 본격화된 학교급식법 개정 운동과 조례 제정 운동, 2006년 대규모 식중독 사고에 이은 학교급식법 개정, 그리고 2010년의 친환경 무상 급식 논쟁 등을 거치면서 사회적 확장을 거듭했다.

한국에서 학교급식이 사회적 이슈로 자리 잡기 시작한 것은 1990년대 중반부터이다. 1996년 학교급식법의 개정으로 위탁 급식이 허용되면서 이미 단체 급식 시장에 진출한 대기업들이 학교급식에도 대거 진출하였는데, 학교급식 식재료의 상당 부분은 값싼 수입산 농산물이 차지하고 있었다. 이에 대해 시민운동 진영은 2002년부터 본격화된 학교급식법 개정 운동과 조례 제정 운동을 통해서 국내산 식재료 사용을 견인하는 운동을 전개했다. '학교급식 재료의 국내산 사용 원칙'을 담은 농민 단체의 제안으로부터 시작된 학교급식법 개정 운동은 급식 시설 설치 지원 요구와 함께 학교급식비 지원에 대한 요구로까지 이어졌다. 2003년 학교급식법 시행령 개정에 의해 "자치단체는 학교급식 지원을 위한 예산을 사용할 수 있다"는 조항이 신설되어 식품비 지원이 가능해지면서 지역산 쌀과 농산물에 대한 차액 지원이 가능하게 되었다. 그러나 이 조항이 WTO 협정에 위배된다는 대법원의 판결로 '국내산,' '지역산' 등의 문구는 빠지고 모호하게 '우수 농산물'에 대한 차액 지원으로 축소되었지만, 학교급식법 개정 및 학교급식 지원조례 제정 운동은 우루과이라운드 협상(1986~93) 반대 운동 이후 농민 단체와 시민사회 단체의 연대를 강화하는 계기가 되었다.

2000년대 중반에는 위탁 급식에 의한 대규모 식중독 사고가 발생하면서 직영 급식 전환 요구가 힘을 얻게 되었다. 학교급식 운동은 2006년의 학교급식법 개정과 교육인적자원부의 「학교급식 개선 종합대책(2007~2011)」을 통해 직영으로의 전환, 학교급식 지원 센터의 설치 근거 마련, 우수 농산물 식재료 사용 권장 등의 성과를 만들어 냈다. 특히 위탁 급식이 거의 대부분을 차지하고 있던 중 · 고등학교의 직영 급식 전환 원칙 확립과 학교급식 지원 센터의 설립은 학교급식이 단순히 학생들에게 한 끼의 식사를 제공하는 것을 넘어 먹거리의 공공성 확보와 식재료 조달에 있어서 공적 조달 체계의 수립을 가능하게 했다는 점에서 큰 진전이었다.

이후, 2007-08년의 세계 식량 위기와 식량주권의 담론, 미국산 광우병 쇠고기 수입에 반대하는 생협 조합원들을 비롯한 시민들의 촛불 시위, 여성 농민 운동 진영이 중심이 된 제철 꾸러미 사업, 일부 지자체의 로컬푸드 정책 등 다양한 먹거리 운동이 2010년 전국 동시 지방선거와 2011년 서울시 무상 급식 주민투표에도 영향을 미쳤다. 지방선거와 주민투표 후 학교급식 운동이 이룬 핵심적인 성과는 무상 급식 — 지방자치단체와 교육청이 재원을 분담하는 — 의 실시와 학교급식 지원 센터를 통한 식재료 조달 체계의 개선 등으로 이어졌다. 특히 일부 지역이긴 하지만 공적 성격 — 지자체 직영이나 민-관 거버넌스 형태 — 의 학교급식 지원 센터를 설치·운영하는 지역은 주요 농축수산물을 지역의 생산자 조직을 통해 공급하는 방향으로 개선해 나갔다. 이는 기존의 식품비의 일부만을 지원하는 방식과는 달리, 중간 지원 조직으로서의 학교급식 지원 센터를 통한 생산자 조직과의 직거래 방식과 민관 거버넌스 체계의 구축을 통한 지역 먹거리 체계의 구축을 고민하기 시작했다는 점에서 의의가 크다.

그러나 직영 급식, 지역산 우수·친환경 농산물 공급, 선별적 복지가 아닌 보편적 복지라는 학교급식 운동의 의제는 외형상으로는 상당 부분 실현된 것으로 파악되기도 하지만, 구체적 내용에서는 여전히 신자유주의적 형식과 관행의 재생산에 머무른 측면이 있다. 지역의 생산자를 조직화해서 중소농이 참여할 수 있는 구조를 만들고, 기획 생산을 통해서 농가의 수취 가격을 보장하고, 안정적으로 식재료를 공급받을 수 있는 시스템을 기반으로 학교급식 지원 센터가 공적 기능을

시기	핵심 쟁점	주요 변화
2002~2005	지역산 농축수산물 사용 지원	학교급식 지원 조례 제정 우수 농산물 식품부 지원
2006~2009	직영 급식 전환	학교급식법 개정 직영 급식 전환 학교급식 지원 센터 근거 마련
2010~	친환경 무상 급식 학교급식 지원 센터 설치 · 운영	조례 전면 개정 민-관 거버넌스형 학교급식 지원 센터 확산

표 6-2. 학교급식 운동의 시기별 쟁점과 변화
자료: 송원규, 건국대학교 대학원 박사학위논문

수행하고 있는 지자체도 있지만, 현재의 많은 지자체는 단순히 식재료 공급업체가 우수 · 친환경 농산물을 공급했다는 인증 서류를 제출하는 것만으로 우수 · 친환경 차액 보조금을 지급하고 있다. 이로 인해 차액 보조금이 농가 수취 가격의 상승으로 이어지지 못하고 있으며, 과정의 투명성도 보장되지 못하고 있다. 더욱이 인증 농산물 공급을 서류로 증빙하고 차액 보조금을 지급하는 매우 형식적인 관계에서 학교(소비자)-농가(생산자) 간의 관계 형성이나 거버넌스 구축이 이루어지지 않았고, 친환경 혹은 지역산 농산물을 공급 받을지는 학교의 개별적인 선택으로 이루어지는 구조가 유지되고 있는 것이다.

학교급식의 사회적 의제화에 있어서 최전선에 서 있다고 할 수 있는 서울시의 경우를 보면, 2011년부터 서울농수산식품공사가 설립한 서울친환경유통센터를 통해서 친환경 농

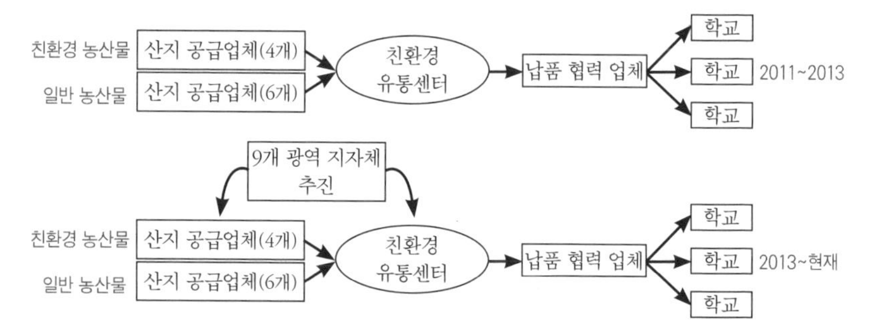

그림 6-1. 서울시 학교급식 조달 체계의 개선과 지역성
주: 2019년부터 친환경 농산물 공급업체는 9개로 조정
자료: 서울시

산물을 식재료로 공급해 오고 있다. 초기에는 4개 공급업체와 계약을 체결하고 이들 업체를 관리·감독하는 체계였으나, 2012년 9개 광역 지방자치단체와 업무 협약을 체결하고 광역 지자체 간의 협력을 통해 식재료를 조달하는 방식으로 바뀌었다. 실제 사업의 진행에서는 지자체 간의 협력을 통한 지역성의 강화보다는 4개 업체에서 11개 업체(2017년 기준)로 공급업체만 늘어났다는 평가도 존재하지만, 지자체 간의 협력을 통해 조달 체계를 개선하고 지역성을 확보하려 했다는 측면에서 기존의 경쟁 시장 의존적 체계와 비교해 분명한 진전이 있었다(그림 6-1 참고). 하지만 산지 공급업체가 생산자 조직과의 계약재배 방식을 통해 농산물을 최대한 조달하고 가격 결정에 생산자의 의견을 민주적으로 반영한다는 방향성이 실제로 현장에서 작동하고 있는가에 대해서는 부정적인 평가가 존재한다.

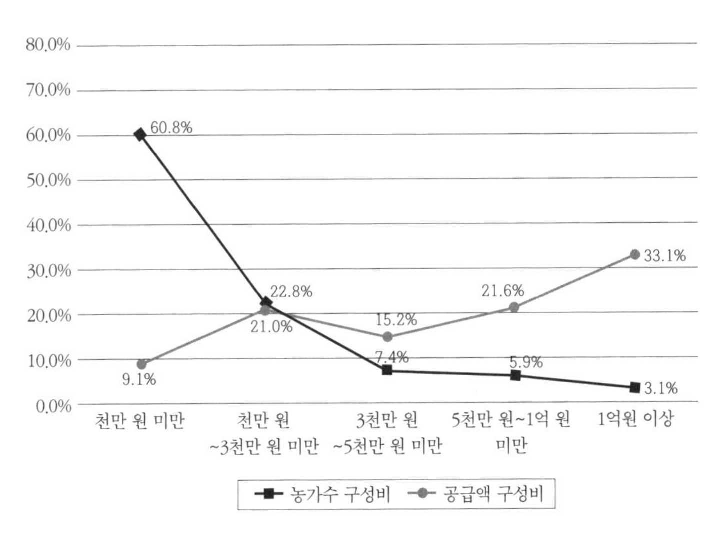

그림 6-2. 서울시 친환경 급식 식재료 공급 9개 업체의 매출액 구간별 농가/공급액 비중(2017)
자료: 윤병선 외(2018)

서울시 친환경유통센터를 통해서 학교급식에 농산물 식재료를 공급한 9개 업체(생산자 단체)를 분석한 결과를 보더라도 현재의 학교급식 조달 체계에 대한 시급한 개선이 필요하다는 점을 확인하게 된다. 서울시 학교급식에 식재료를 공급하는 농가 중에서 공급액이 1,000만 원 미만의 농가가 다수 참여하고 있으나(60.8%), 이들 농가가 공급하는 식재료의 비중(금액 기준)은 9.1%에 불과하다. 반면, 1억 원 이상을 공급하는 3%의 농가가 전체의 33.1%를 공급하고 있다(그림 6-2 참고).

학교급식 운동이라는 대안 농식품 운동을 통해서 직영 급식과 친환경 농산물 공급이라는 큰 변화를 만들어 냈지만, 산업직 농업이 만들어 놓은 틀을 넘어섰다고는 할 수 없다. 소수 농가에의 출하 집중뿐만 아니라, 최종 학교 공급가를 기준으로 산지 생산자 단체에 지급되는 공급액과 최종 농가 수취액 사이의 투명성도 보장되지 않고 있다. 또한, 공급 체계 개선의 가장 중요한 방향성이라고 할 수 있는 계약재배의 확대와 서울 학교급식과 산지 사이의 관계 형성(기획 생산)이 미흡하다는 평가도 나오고 있다. 다른 한편으로, 주산지, 주력 품목의 안정적 공급을 위해 물량을 배정하는 방식이 물량의 안정적 확보에 기여했다는 긍정적인 측면과 함께 수익성이 높은 품목에서 일부 생산자 단체와 소수 농가에 집중되는 등의 부작용을 낳고 있다.

또한, 소비 측면에서 보더라도 개선할 지점은 존재한다. 친환경 농산물 공급 체계 개선과 산지 생산의 조직화 측면에서는 꾸준한 개선이 이루어진 반면, 소비의 조직화, 즉 책임 소비의 측면에서는 상대적으로 개선의 추진이 상당히 부족하다고 할 수 있다. 산지 생산자 단체가 계약재배를 추진할 수 있도록 1년 단위의 물량 배정과 가격 결정이 현재의 체계에서는 이루어지기 어려울 뿐만 아니라, 여기에 학교와 배송 업체가 클레임을 통해 산지에 부담을 전가하는 것에 대해 불만이 큰 상황이다. 소비 조직화와 책임 소비는 인식 개선이 선행되어야 하는 중장기 과제라는 관점에서 개선 방향의 정립과 개선책의 수립이 필요하다고 할 수 있다. 또한 지방자치단체의 예산에 의해서 이루어지는 학교급식임에도 불구하고 더 많은 농가의 참여가 제한되어 공적 영역의 광범한 사회적 확산으로 연결되지 못했다고 할 수 있다. 학교급식이 친환경 농업의 확산으로 연결되기보다는 '유기농업의 관행화'를 더욱 심화시키는 요인으로 작동한 것은 아닌지 성찰이 필요한 지점이다.

이런 상황에서 눈여겨볼 지점은 서울시의 도농 상생 공공급식이다. 서울시는 2017년부터 산지 지자체와의 직접적인 연계를 통해서 자치구 내의 어린이집에 식재료를 조달하는 시스템을 마련하였다. 2020년 현재 서울시의 25개 자치구 중에서 13개의 자치구가 참여하고 있는 이 공공 급식 조달 체계가 서울친환경유통센터를 통한 학교급식 조달 체계와 다른 점은 산지의 생산자 조직과 서울시의 소비자(공공 급식 시설)가 공공급식 센터를 매개로 직접 연결된다는 점이다. 서울시가 대규모 도시 소비지이기 때문에 산지 공공 급식 센터와 서울 자치구 공공 급식 센터가 별도로 운영된다는 면이 있지만, 산지의 공공 급식 센터는 생산자와 단순한 계약 관계에 있는 업체가 아니라 지역의 로컬푸드 운동을 계획·지원하는 중간 지원 조직이기 때문에, 양쪽의 센터를 매개로 '관계 시장' 형성이 이루어질 수 있다.

서울시의 이러한 시도는 무엇보다 산지에서 중소 가족농의 조직화를 바탕으로 지역 먹거리 체계를 만들어 내기 위한 그간의 노력들이 있었기 때문에 가능하고, 또한 그러한 노력들의 결과물이 이러한 시도의 원천이 될 수 있었다. 건강하고 지속가능한 먹거리를 고민해 온 유기농업 운동, 위탁 급식의 안

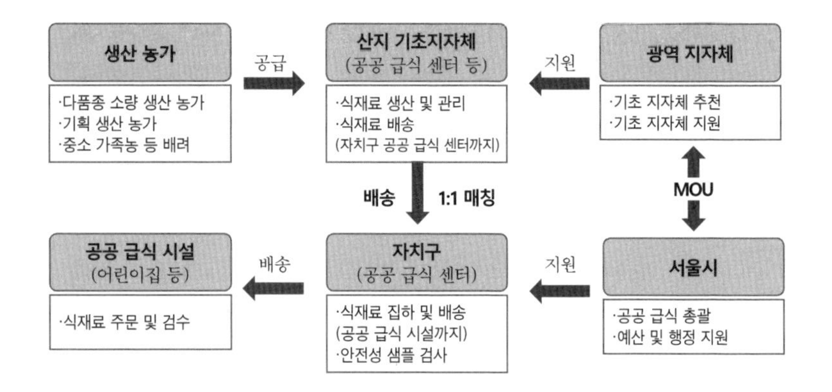

그림 6-3. 서울시 공공 급식 조달 체계
자료: 서울시

전 문제가 불거지자 이를 직영 급식으로 바꾸고 지역 농산물을 학교급식 식재료로 사용하기 위한 학교급식 운동, 어린이 급식에 안전한 먹거리를 공급하고자 노력해 온 생협 운동 등이 있었기에 서울시의 시도가 가능했다고 할 수 있다. 소량이라고 해서 남아도는 농산물의 판로를 확보하지 못했던 농민들이 즐거운 마음으로 출하할 수 있는 농민 장터나 로컬푸드 직매장이 활성화되면서 개별적으로 분산되어 있던 농민들이 서로 협동할 수 있는 계기가 만들어졌기에 과거에는 시도할 수 없었던 일들을 실천할 수 있게 되었다고 할 수 있다.

❸ 로컬푸드 운동

지금은 '로컬푸드'라는 말이 익숙해졌지만, 10여 년 전만 하더라도 꽤나 생소하게 느꼈던 단어다. 우리말로 '지역 먹을거리,' '지역 먹거리,' 혹은 '가까운 먹거리'를 의미하지만, 이제는 로컬푸드로 굳어져 버렸다. 비록 외래어이긴 하지만, 로컬푸드라는 단어는 그 의미를 파악하는 데 있어서는 유용한 측면이 있다. '로컬푸드'는 '글로벌 푸드'와 대립되는 지점에서 우리의 농업과 먹거리를 고민하고 있기 때문에, 글로벌 푸드의 속성을 고민해 보면 로컬푸드의 지향점을 쉽게 이해할 수 있다.

글로벌 푸드는 대규모 단작과 자원을 다소비하는 농법에 의존한 녹색혁명형 농업에 바탕을 둔 먹거리를 말한다. 특히 신자유주의 세계화로 먹거리의 생산과 가공, 유통 및 소비 체계가 세계적 규모로 급속하게 통합되면서, 선진국과 후진국을 막론하고 농업 생산과 관련한 전 과정이 초국적 농식품 복합체의 직간접적인 지배하에 놓이게 되었고, 그 폐해는 건강한 농촌의 파괴와 식탁의 불안으로 이어지고 있다. 국경을 넘나드는 먹거리뿐만 아니라, 국내산도 광역의 대량 유통 체계를 바탕으로 하는 원격지 시장에 종속되면서 지역 소비를 위한 먹거리 생산은 감소했고, 적절한 이윤만 주어진다면 지역에서 생산할 수 있는 먹거리도 수입하는 체계로 되었다. 따라서 글로벌 푸드는 정체불명의 먹거리, 이윤이 목적인 먹거리, 생태 파괴의 먹거리, 농민과 소비자를 멀게 만드는 먹거리이고, 이로 인해 농업 · 농촌 · 농민의 몰락과 위기도 심각하게 되었고, 식탁의 신뢰도 무너졌다.

따라서 문제의 해결은 글로벌 푸드로 인해서 확대된 먹거리의 생산(農)과 소비(食) 사이의 물리적 · 사회적 · 심리적 거리를 축소함으로써만 가능하고, 이 거리들을 축소시키고자 하는 것이 로컬푸드 운동이다. 로컬푸드는 얼굴 있는 먹거리다. 누가, 어떻게 농사지은 것인지를 알 수 있기에 믿을 수 있는 먹거리이기도 하다. 익명 속에 감춰진 먹거리는 지역에서 생산된 것이라 하더라도 로컬푸드라고 할 수 없다. 친환경 농산물이 로컬푸드의 전제 조건은 아니지만, 최소한 그러한 지향성을 갖는 것이 로컬푸드이기도 하다.

우리나라에서 로컬푸드 운동이 갖는 의미는 매우 크다. 우선, 농산물 개방 정책 이후에 수입 농산물이 시장에서 넘쳐나면서 소비자들의 먹거리에 대한 불안이 매우 높아졌다. 원산지 관리도 제대로 되지 못한 탓에 우리 농산물에 대한 불신으로 이어졌다. 또한 넘쳐나는 수입 농산물로 농가는 직접적인 피해를 보게 되었다. 그동안 한국은 주산단지 육성을 통한 규모화를 지향하는 농정이 주류를 이루었고, 이로 인해 지역 시장에서 다양한 품목의 지역 농산물을 구경하기조차 힘든 구조가 되었다. 이런 상황에서 우리의 농업과 먹거리 문제를 함께 해결할 수 있는 방법은 없을까 하는 고민에서 출발한 것이 로컬푸드 운동이다.

국내에서는 2000년대 중반부터 연구자들에 의해서 로컬푸드 운동과 관련한 연구가 이루어지기 시작하였고, 다양한 형태의 로컬푸드 운동이 국내에 소개되었다. 이전에도 농협 등이 중심이 되어 직거래 장터가 개설되기도 했지만, 이는 세계 농식품 체계의 문제점에 대한 인식에서 출발한 것이 아니라 단순하게 유통 단계의 축소가 목적이었고, 그 맥락을 달리해서 출발한 것이 로컬푸드 운동이다. 2000년대 후반과 2010년대 초반에 걸쳐 먹거리 안전사고와 기후 불순에 의한 농산물의 가격 변동이 확대되는 과정에서 먹거리의 안전과 가격 변동의 완화를 가져올 수 있는 대안 운동에 대한 관심이 증대된 것도 한국의 로컬푸드 운동이 확산된 배경으로 작용했다.

우리나라 로컬푸드 운동은 우리보다 앞서 이 운동을 실천해 온 유럽이나 미국, 일본 등의 나라로부터 많은 것을 벤치마킹하면서 터를 닦았다. 유럽의 농민 시장, 일본의 직매장과 학교급식, 미국의 CSA(지역사회 지원 농업) 등이 그 대표적인 사례라고 할 수 있다. 각 나라들이 고민했던 부분들을 한국에서는 늦긴 했지만 보다 통합적으로 실행하기 위한 고민들이 더해지면서, 현재 한국의 로컬푸드 운동은 역으로 이들 나라에 우수 사례로 알려지기에 이르렀다.

현재 한국의 로컬푸드 운동은 직매장이 선도하고 있다고 해

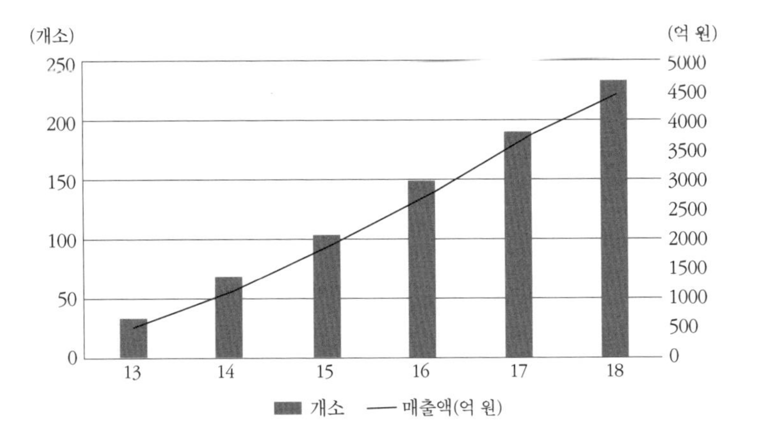

그림 6-4. 로컬푸드 직매장 개소수 및 매출액 추이
자료: 농식품부 보도 자료

도 과언이 아니다. 과거에는 직거래 장터나 농민 장터와 같이 일정 기간만 열리거나 아니면 특정 요일 또는 특정 품목을 중심으로 열리는 형태가 일반적이었다. 일본의 직판장을 모델로 하는 직매장이 한국에 들어서기 시작한 것은 2012년 이후라고 할 수 있다. 2012년 전북 완주군의 용진농협이 운영하는 '완주 로컬푸드 1호 매장'이 개설된 이후 전국의 직매장 수는 2018년 말 현재 229개로 증가했다(그림 6-4 참고).

이러한 직매장 수의 확대와 함께 소비자 직거래에 참여하는 농가의 비율도 크게 증가했다. 2010년 19.9%에서 2015년에는 23.6%로, 2018년에는 26.1%로 크게 증가했다. 10년도 채 안 되는 기간 동안 5농가 중 1농가 정도 참여했던 직거래에서 4농가 중 1농가가 참여할 정도로 크게 증가했다. 특히, 소

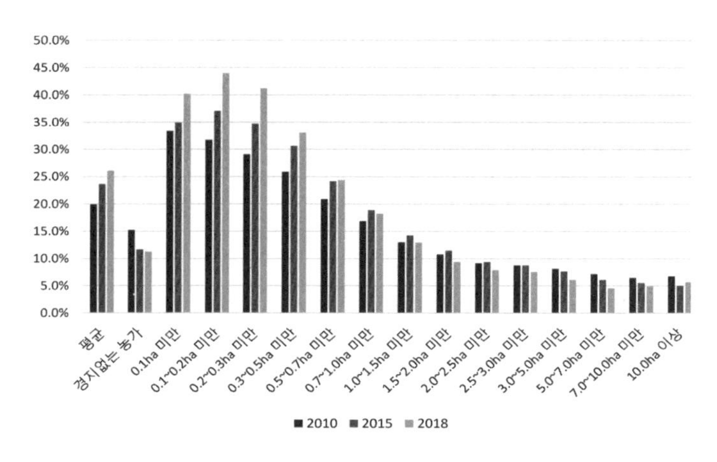

그림 6-5. 경지 규모별 소비자 직거래 판매 비율(%)
자료: KOSIS

비자 직거래에 참여하는 농가의 비율에서 1ha 미만의 농가 비율이 2010년 25%에 그쳤으나, 2018년에는 33%로 크게 증가했다(그림 6-5 참고). 또한, 농축산물 판매 금액별로 볼 때, 소비자 직접 판매 농가 비율에서 1천만 원 미만 판매 금액의 농가의 비율이 2010년 29.5%에서 2018년 43.0%로 크게 증가한 것을 확인할 수 있다. 이는 그동안 관행 유통에서 소외되었던 중소 규모의 농가가 로컬푸드 운동을 통해서 새로운 대안 유통 경로를 확보할 수 있었다는 점에서 의미가 있다(그림 6-6 참고).

한편, 또 다른 형태의 로컬푸드 운동인 꾸러미 사업은 직매장 형태의 로컬푸드 운동이 이루어지기 전부터 개별 농민이 자신이 생산한 농산물을 인근 지역의 소비자들에게 전달하는

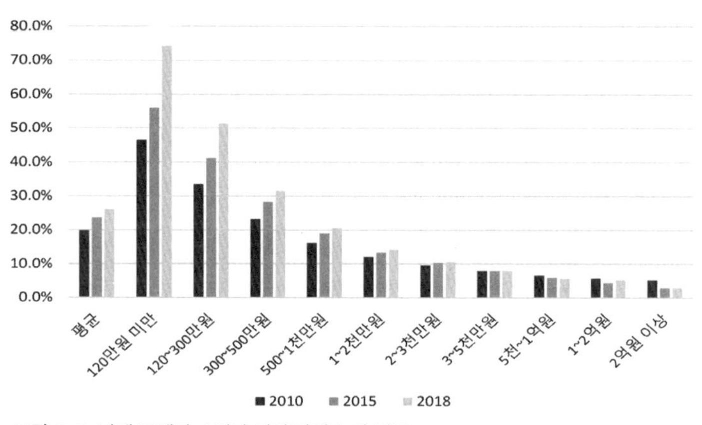

그림 6-6. 판매 금액별 소비자 직접 판매 농가 비율(%)
자료: KOSIS

형태로 분산적, 간헐적으로 이루어지기도 하였고, 일부 생협에서는 산지로부터 꾸러미 형태로 농산물을 주기적으로 전달받는 꾸러미 사업을 진행하기도 하였다. 꾸러미의 품목 특성은 크게 제철 농산물과 저장성 농산물로 나뉘는데, 주된 꾸러미의 형태는 제철 농산물 위주의 꾸러미라고 할 수 있다. 한국에서 꾸러미 사업은 다양한 주체들에 의해서 추진되고 있다. 즉, 개별 생산자가 중심이 되고 일부 지역 농민이 결합하는 형태, 영농조합 법인이 중심이 된 형태, 지역의 생산 공동체가 주도하는 형태, 생협이나 사회적 기업 및 마을 기업이 주도하는 형태, 지자체가 주도하는 형태, 농협이 주도하는 형태 등, 매우 다양한 형태로 전개되고 있다.

한국의 꾸러미 사업이 본격적으로 전개된 것은 2010년경이라고 할 수 있다. 특히 전국여성농민회총연합(전여농)의 식량 주권사업단은 2009년부터 '얼굴 있는 생산자와 마음을 알아주는 소비자가 함께 만드는 먹거리 사업'인 '언니네텃밭'을 전개해 오고 있다. 전여농은 품목 생산과 관련한 몇 가지 원칙을 가지고 사업을 진행하고 있다. 첫째는 제초제를 사용하지 않는 저농약 이상의 친환경 농사를 짓도록 정하고 있는데, 처음에는 제초제를 사용하지 않는 것부터 시작하여 차츰 전 과정을 친환경으로 농사지을 수 있도록 유도하고 있다. 둘째는 마을 또는 면 단위의 생산자 회원이 공동체를 만들어서 참여하고 있는데, 텃밭은 각자의 밭이지만 함께 계획을 수립하는 과정을 통하여 서로 씨앗을 나누고, 누가 무엇을 언제 얼마나 심을 것인지 결정하고 있다. 셋째는 제철 농산물을 중심으로 꾸러미를 구성하고 있다는 점이다. 넷째는 토종 씨앗으로 농사를 짓기 위해 노력하고 있다. 토종 씨앗으로 농사짓는 것은 녹색혁명형 농업에서 벗어나 종자 주권을 회복하는 것이고, 이는 곧 농민들의 권리를 회복하는 것으로 파악하고 있다.

전여농의 사례처럼 대안 농식품 운동으로서의 로컬푸드 운동이 갖고 있는 가치와 철학을 고민하면서 꾸러미 사업을 진행하는 조직도 있지만, 그렇지 않은 경우도 많다. 생산 농민으로부터 매취, 수집한 농산물로 구색을 맞춰서 꾸러미로 공급하는 사례도 있다. 이는 지역의 농민들을 주도적으로 결합하여 도시의 소비자와 관계망을 구축하고자 하는 꾸러미 사업 본래의 의미가 중심에 있는 것이 아니라, 꾸러미라는 외형을 빌린 또 다른 형태의 관행 유통 체계라고 할 수 있다. 농민으로부터 생산물을 매취하여 단순하게 꾸러미로 만들어서 소비자에게 공급하는 '종합 선물 세트형 꾸러미'까지 꾸러미 사업이라는 이름으로 진행되기도 한다.

이런 이유로 로컬푸드 운동도 이른바 관행화의 길을 걷는 것은 아닌가 하는 우려도 나오고 있다. 로컬푸드 운동의 중요한 가치인 '관계성'은 사라지고 지역 농산물의 판매를 위한 수단으로 전락할 우려가 제기되고 있는 것이다. 또한, 지자체는 정부의 지원 사업을 받는 또 다른 통로의 하나로 인식하는 경우도 있어서, 로컬푸드의 철학과 가치를 진지하게 고민할 필요가 있다.

❹ 대안 농식품 운동의 응결점, 로컬푸드 운동

현대의 농식품 체계에 대한 하나의 대안으로서, 농업의 지속가능성을 담보해 내기 위해 농(農)과 식(食) 사이의 단절된 관계를 극복하고 지역 내 자원의 선순환을 꾀함으로써 지역의 재생을 목표로 하는 로컬푸드 운동은 많은 지점에서 유기농업 운동이나 학교급식 운동, 생협 운동과 맞물려 있다고 할 수 있다. 경제적으로는 지역사회의 유지 발전, 농민들의 안정적 생활, 지역 경제의 다양화, 대안 시장의 창조 등을 들 수 있으며, 사회적으로는 지역 내의 관계의 복원, 신뢰의 구축을 가져오며, 생태적으로는 외부 자원에 대한 의존 감소, 지역 내 자원에 대한 의존 증대와 자원의 절약 등을 들 수 있다.

또한 로컬푸드가 안전성에 있어서도 단순한 식탁의 안전에 그치는 것이 아니라, 생태성의 회복에 기여하고, 나아가 지역사회에 활기를 불어넣는 발전을 위한 가능성을 담아내는 것을 고민한다는 점에서 유기농업 운동과의 결합력을 높여야 한다. 로컬푸드 운동은 세계 농식품 체제 하에서 인위적으로 창출된 녹색혁명형 농업, 환경 파괴형 농업, 순환 파괴형 농업을 극복하는 운동이기 때문에 현재의 관행 농업의 경제적, 사회적, 생태적 문제점 등에 대한 진지한 고민이 없다면 로컬푸드 운동은 성립할 수 없다. 여건상 현재는 관행 농업으로 재배한 먹거리를 포함시키더라도, 일정한 유예 기간을 둔 후에는 친환경적으로 생산된 먹거리가 주 대상이 되어야 한다. 단순히 지역산 농산물의 이용을 로컬푸드 운동으로 파악한다면, 로컬푸드 운동을 통해서 얻고자 하는 가치의 많은 부분을 놓치는 것이라고 할 수 있다. 현재의 여건상 관행 농산물을 제외하고서는 지역산 농산물의 품목의 다양성을 확보하는 것이 불가능하다면, 저농약 또는 감농약 수준의 농산물을 로컬푸드에 포함시키면서 생태적 농업으로 전환할 수 있도록 유도하는 것도 필요하다.

로컬푸드는 단지 푸드 마일(food mile, 먹거리의 이동 거리)에 관련된 것이 아니다. 가까운 거리의 소비지로 운송되는 것을 의미하는 것이 아니고, 지역사회에 긍정적으로 기여할 수 있는 형태로 생산되고 분배되는 것을 의미한다. 로컬은 땅을 회복하는 데 기여하고, 지역사회에 활기를 불어넣는 관계의 발전을 위한 가능성으로 규정된다. 로컬푸드 운동에서 중요하게 고려해야 할 사항은 지역 내 자원이 상호 간의 돌봄과 책임감이라는 관계 속에서 지역 경제의 연결 고리를 통해서 유통시켜야 한다는 점이다. 관계에 근거한 교환은 지역 자원의 사용을 활성화시켜서 자기 의존성을 더욱 높이고 지역 경제를 활기차게 만든다. 로컬푸드 운동은 가능하면 지역에서 생산한 것을 지역에서 소비하기 때문에 '얼굴을 볼 수 있는 관계'를 만들어 내고, 이를 전제로 한 생산과 유통이 성립하게 되어 먹거리의 안전성을 확보할 수 있는 가장 확실한 방법이 될 수 있다.

한편, 로컬푸드는 반생태적인 단작 추세에 맞서는 것이기도 하다. 작물 다양성은 식단을 다양하게 해 줄 뿐만 아니라, 지역 농민과 다양한 먹거리 관련 산업의 생존을 보장해 준다. 다양한 생태계가 일반적으로 생산성도 더 높고 안정성도 더 크기 때문에 화학비료를 비롯한 여러 농자재에 대한 의존을 줄이고, 주요 해충 발생이나 기후 변동에 대항하는 복원력을 제공한다. 또한, 로컬푸드 운동은 고용 창출과 지역 자원의 활용을 촉진할 수 있다. 로컬푸드를 이용하면 지역에 많은 경제적 기회를 제공한다. 농민 장터와 지역민 소유 상점에서 지역 농산물을 구매하면, 지출된 돈이 지역사회에 잔류하여 일자리를 만들고 소득을 올리는 선순환을 만들어 낸다. 또한, 농업을 통한 지역사회의 신뢰 관계 구축은 사람 사이의 관계를 활성화하여 지역을 보다 활기차게 만들 것이다. 로컬푸드 운동에는 전업농가뿐만 아니라 겸업농가도 주역이 될 수 있기 때문에 경작을 포기하는 휴경지의 감소에도 기여할 수 있다. 아울러 여성이나 고령자가 농산물 가공 사업에 참여함으로써 새로운 고용 기회가 창출된다. 필연적으로 지역의 일을 일상적으로 처리해야 하는 경우도 많아져서 지역 전체로서는 외부로의 화폐 유출을 막아 지역 내 소득의 향상을 가져오고 지역 경제에 공헌한다.

한편, 로컬푸드 운동은 순환의 체계를 만들어 가는 운동이다. 대규모 단작 혹은 특화 단지에 의해 주도되고 있는 농업 현실에서 지역의 다양한 먹거리 수요를 지역에서 생산된 먹거리로만 충족하는 것은 불가능하기 때문에 '물리적 거리'에 근거한 지역 설정은 운동 방향의 설정에 오히려 장애가 될 수 있다. 좀 더 유연한 자세로 '사회적 거리'를 축소시킬 수 있도록 노력해야 할 것이고, 이 경우에는 가까운 인근 지역을 묶어 내는 일종의 제휴 산지의 개념을 도입할 필요도 있다. 아울러 지역의 품목별 생산 현황을 파악하여 로컬푸드 운동의 출발점으로 삼을 주요 품목을 무엇으로 설정할 것인가를 고민하면서, 지역의 다양한 수요에 상응하는 다품목 생산을 유도해야 한다. 또한, 농민과 소비자 사이의 소통을 확대할 수 있는 구체적인 작업을 전개함으로써 먹거리의 생산으로부터 철저하게 유리되어 있는 도시민들이 먹거리에 대하여 올바르게 인식하도록 하는 일도 중요하며, 지역의 생산자, 소비자, 자치단체 등의 참여를 끌어내야 한다. 개별 생산자와 소비자가 분산되어 있는 상태에서 동력을 만들어 내는 것은 힘들기 때문에, 마을별, 품목별로 생산자 조직을 묶어 내고 이를 바탕으로 지역 협의체를 구성하는 작업이 필요한 것은 말할 것도 없다.

대면적 관계의 확산은 지역사회에서의 사회경제적 정의와 안전을 강화한다. 좋은 먹거리라는 것은 짧은 공급 체계와 지역화 된 생산 분배 체계를 통해서 쉽게 달성될 수 있다. 더욱이 이를 통해 생산자와 소비자 사이의 신뢰도를 높일 수 있으며, 서로가 배려할 수 있는 조건을 만들어 낼 수 있는 것이다.

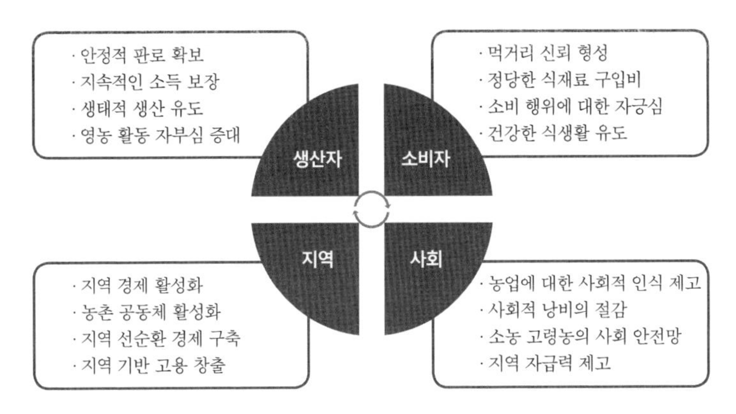

그림 6-7. 로컬푸드 운동의 사회경제적 효과

한국의 로컬푸드 운동의 사례로 흔히 거론되는 '신토불이' 운동을 보더라도 UR 협상이 진행되는 과정에서 농협이 중심이 되어 국내산 농산물을 소비하자는 운동이었으나, 로컬푸드 운동을 이야기하는 대부분의 연구자들은 '신토불이'라는 잘 알려진 용어를 사용하지 않는다. 이 '신토불이'라는 용어가 가지는 심오한 의미에도 불구하고 그 가치를 담아내는 운동은 아니었기 때문이다. 국내산 농산물 애용을 주장했지만, 그것이 가지고 있는 생태적, 사회경제적 준거들은 담아내지 못했다. 신토불이라는 거대한 현수막을 내건 농협 하나로마트에 수입산 농산물이 버젓이 판매대를 차지하고 있는 모습은 방어적 로컬푸드의 전형적인 예라고 할 수 있다.

한편, 로컬푸드 운동은 농산물의 가격 결정 구조에 대해서도 관심을 갖는다. 현대의 농식품 체계에서 농산물의 생산자는 소매가격으로 농업 투입재를 구매하면서도, 자신이 생산한 농산물은 도매가격으로 판매하는 기형적인 구조 하에 놓여 있다. 또한 농산물의 가격 결정에서도 교섭력이 떨어질 수밖에 없는 넘지 못할 한계를 가지고 있다. 그러나 로컬푸드 운동은 생산 농민 스스로가 가격을 결정할 수 있는 구조가 가능하다는 것을 보여 주고 있다. 바로 이러한 가치들이 유기농업 운동이나 생협 운동을 통해서 얻고자 했던 부분들이고, 이런 까닭에 로컬푸드 운동은 유기농업 운동과 생협 운동의 접합점에 함께 있다고 할 수 있다.

그리고 이러한 대안 농식품 운동 — 유기농업 운동, 생협 운동, 학교급식 운동, 로컬푸드 운동 — 의 결합도를 더욱 높이는 새로운 모색이 최근 활발하게 진행되고 있는데, 농업과 먹거리의 통합적 파악과 이에 기반하는 먹거리 전략, 즉 푸드 플랜이다.

아이를 소중하게 여기는 밥상 — 도농 상생 공공 급식

"한 아이를 키우려면 온 마을이 필요하다"는 아프리카 속담이 있다고 하죠? 이 말은 아이를 제대로 키우기 위해서는 한 사회가 가지고 있는 다양한 잠재적 능력들이 충분히 발휘되어야 한다는 의미도 담고 있습니다. 이것이 가능하기 위해서는 우리 사회의 관계망이 온전하게 작동되어야 하는 것은 당연하겠지요.

우리가 살고 있는 사회의 관계망은 주로 시장을 매개로 이루어집니다. 시장이라는 것이 내가 필요한 물건을 살 수 있도록 도와주니 참 고맙기도 하지만, 시장은 기본적으로 돈이라는 것이 매개되다 보니 우리가 꿈꿔 왔던 것과는 다른 결과로 나타나기도 합니다. 신뢰와 배려, 돌봄이라는 매우 중요한 사회적 가치가 돈에 의해서 훼손되는 경우가 많지요. 시장에 전혀 의존하지 않고 살아갈 수는 없지만, 그래도 서로에게 도움이 될 수 있는 호혜의 관계를 만들 수는 없는 것일까요?

아이들이 제대로 자라기 위해서는 여러 가지가 필요하지만, 그중에서도 먹거리가 중요하지요. 어른들도 건강한 먹거리가 필요하지만, 자라나는 아이들에게 있어서는 더 말할 나위가 없지요. 더 믿음이 가는 먹거리, 더 신선한 먹거리, 그리고 이런 먹거리에 지출한 돈이 그 먹거리를 생산한 농민에게 더 많이 되돌아가는 먹거리를 아이들에게 줄 수 있는 방법이 무엇인지에 대한 고민이 도농 상생 공공 급식의 출발점입니다.

현재 도농 상생 공공 급식은 기존의 유통 방식과는 많은 점에서 차이가 납니다. 현재 서울시의 학교급식 식재료는 전국의 각 산지에서 품목별로 올라옵니다. 특정 지역의 대표 농산물이 올라오는 시스템이지요. 대량 유통 체계를 이용하다 보니 유통이 생산을 지배하게 된 상황이고, 단일경작이라는 특징을 갖는 대농 중심으로 연결되다 보니 농촌 지역의 다수를 차지하는 중소 가족농이 생산한 농산물은 여기에 결합되기 어렵습니다. 다품목 소량 생산이라는 특징을 갖는 중소 가족농의 생산방식은 단작 중심의 대규모 생산방식보다는 아무래도 환경을 살리는 데 적합합니다. 그래서 서울시에서는 이들 중소 가족농이 생산한 다양한 농산물과 가공품을 어린이집 등 공공 급식 시설에 직접 공급하는 방식을 만들었습니다.

서울시의 이러한 공급 방식이 가능했던 이유는 요즘 여러 농촌 지역에서 중소 가족농들이 조직화를 통해서 다양한 품목을 생산하고, 이를 로컬푸드 직매장이나 학교급식, 공공 급식에 공급하는 사업이 활발하게 진행되었기 때문입니다. 농산물의 안전성은 산지의 생산조직, 지자체, 자치구의 공공 급식 센터 등이 관리하기 때문에 그만큼 믿을 수 있습니다. 그리고 전날 수확한 농산물을 새벽부터 배송하는 것을 원칙으로 삼고 있기 때문에 신선할 수밖에 없습니다.

도농 상생 공공 급식은 산지의 지자체와 자치구를 직접 연결한다는 특징도 가지고 있습니다. 비록 거리는 떨어져 있지만, 농민들의 마음을 어린이집의 밥상에 전달하고, 귀여운 아이들의 미소를 농촌에 전달할 수 있도록 하기 위해서지요. 시장 유통을 통해서는 거의 불가능한 일이 도농 상생 공공 급식을 통해서, 먹거리를 매개로 하는 새로운 관계망을 통해서 만들어지고 있습니다. 아이를 키우기 위해서 필요한 마을을 만드는 일에 도농 상생 공공 급식이 함께 하고 있는 것입니다. 이를 위해 현장에서 애쓰시는 모든 분들에게 격려와 응원의 갈채를 보냅니다.

서울시 동북4구 공공 급식 소식지(통권 1호, 2018. 3)

7. 대안 농식품 운동의 제도화
—푸드 플랜

푸드 플랜은 그동안 농민운동 진영과 시민운동 진영에서 실천해 온 대안 농식품 운동을 중앙정부나 지방정부의 농업과 먹거리와 관련된 일련의 정책들과 결합한 것이라고 할 수 있다. 푸드 플랜은 농업 및 먹거리 문제는 녹색혁명형 농업에 기반한 단작화, 규모화 일변도의 정책과 거대 농기업이 먹거리 체계의 주도권을 장악하면서 발생했다는 인식을 바탕으로, 먹거리 문제를 생산에서 유통, 가공, 소비, 그리고 재활용 및 폐기 과정을 포함하는 순환적, 통합적 관점에서 파악한다는 것이 그 출발점이다. 푸드 플랜은 친환경 농업 운동, 생협 운동, 학교급식 운동, 로컬푸드 운동, 식량주권 운동 등이 추구해 온 가치들을 실현해 낼 수 있다는 희망과 함께, 각 운동 영역을 통합적으로 실천해 낼 수 있는 논의와 활동의 공간을 제공하고 있다는 점에서 큰 의의가 있다.

푸드 플랜은 지역을 기반으로 농식품 체계의 선순환적 관계들을 만든다는 점에서 산업적 농업을 기반으로 하는 현대의 농식품 체계와는 근본적으로 구별된다. 지역을 기반으로 한다고 해서 푸드 플랜이 지역적 배타성을 갖는다는 의미는 아니다. 지역의 협력과 연대도 지역 내 협력과 연대만큼 중요하기 때문이다. 다만, 지역 외 시장을 우선하는 먹거리 체계에 익숙한 상황에서 푸드 플랜은 낯선 개념일 수도 있다. 이 장에서는 기존의 고정관념을 넘어서 통합적 사고를 요구하고 있는 푸드 플랜의 구체적인 내용을 살펴본다.

❶ 푸드 플랜의 배경

먹거리 전략(food strategy)으로도 명명되는 푸드 플랜(Food Plan)의 중요한 출발점은 현재의 농식품 체계가 농업과 먹거리의 지속가능성을 담보할 수 없다는 문제의식에 있다. 푸드 플랜은 먹거리의 생산-유통-가공-소비(먹거리 접근권)-재활용(폐기)이라는 일련의 과정에 민과 관을 아우르는 지역의 다양한 주체들이 협치를 통하여 '단절과 분열의 체계'를 극복하고 '선순환의 체계'로 만들자는 고민에서 출발했다. 먹거리가 단순하게 상품으로만 취급되면서 먹거리와 관련된 농민, 지역민, 국민이 대상화되고, 이로 인해 발생한 먹거리 문제들을 경제적, 사회적, 환경적, 공간적 측면에서 포괄적인 틀을 만들어 내자는 것이 푸드 플랜이다(그림 7-1 참고). 그러므로 푸드 플랜은 유기농업 운동, 생협 운동, 학교급식 운동, 로컬푸드 운동 등 다양한 형태의 대안 농식품 운동의 결절점이라고 할 수 있다.

특히 푸드 플랜 수립은 2010년 이후에 눈에 띄게 증가한 것을 그림 7-2를 통해서 확인할 수 있다. 그 계기는 첫째, 전체로서의 먹거리 체계에 대한 이해와 지속가능한 발전을 위한 계획에서 먹거리 보장의 중요성에 대한 인식 변화를 들 수 있다. 세계 인구 중 도시 거주 인구가 역사상 처음으로 농촌 거

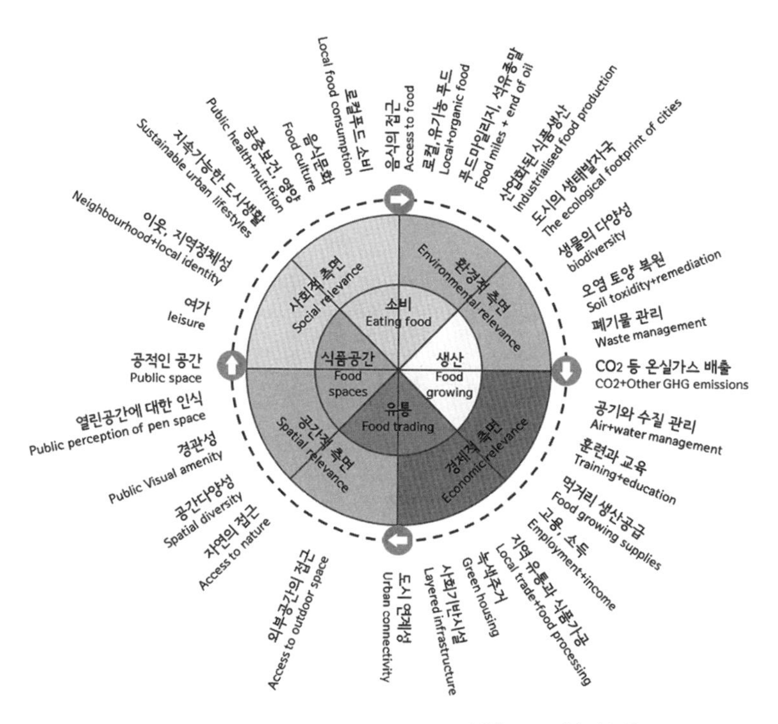

그림 7-1. 지속가능한 푸드 플랜
자료: Viljoen, A. & J. Wiskerke(2015)

주 인구를 넘어섰을 뿐만 아니라, 2007-08년의 세계 식량 위기를 거치면서 먹거리 보장을 위한 도시/농촌 이분법의 탈피와 먹거리 체계 속에서 상호 연계에 대한 모색이 본격적으로 이루어졌다(그림 7-2 참고). 식량 위기와 이에 따른 먹거리 불안정(food insecurity)의 증가, 기후변화 등으로 말미암은 먹거리 생산의 위기와 신자유주의 세계화에 따른 사회적 양극화 심화 등에 대한 해결책으로 지역 발전 계획에 먹거리 체계 혁

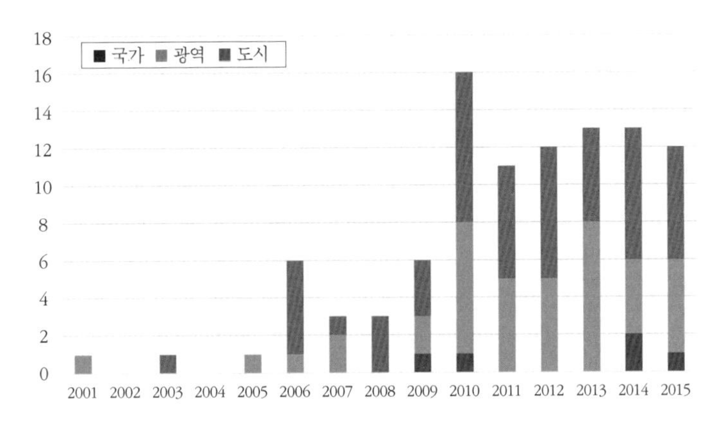

그림 7-2. 국가 · 지역 · 도시 푸드 플랜 수립 추이 (2001~2015)
자료: Ilieva, R. T.(2016)

신이 중심 의제로 자리 잡게 되었다. 특히 세계화와 지역화, 도시와 농촌 사이에서 발생하는 농업과 먹거리의 간극을 새롭게 혁신하기 위해서는 통합적인 논의가 필요했기 때문이다. 둘째, 신자유주의 세계화에 따라 농업과 먹거리와 관련된 공적 영역이 축소되고, 특히 먹거리 관련 복지사업이 축소되면서, 이를 채워 나가려는 농민운동 진영과 시민운동 진영의 먹거리 운동이 먹거리 정의, 식량주권에 기반한 농민권리 등 새로운 먹거리 패러다임과 맞물려서 진행되었기 때문이다.

먹거리 정의(food justice), 식량주권(food sovereignty) 등이 '환경적으로 건강하고 사회적으로 평등한' 지속가능한 먹거리 체계로의 근본적인 전환을 요구하는 의제로 자리 잡았고, 이들 운동은 정부 권력에 대한 저항이 중심이었던 이전 운동들과 달리 먹거리 정책 수립에 적극적으로 개입하였다. 먹거리 정의는 "인종주의, 착취, 그리고 먹거리 체계 내에서 일어나는 억압에 저항하는 투쟁으로 먹거리 사슬 내부와 외부(전체 사회)에 존재하는 불평등의 근본적인 원인에 대응하는 운동"인데, 이 개념이 갖고 있는 단순하고 직접적인 개념이라는 장점으로 인해 먹거리 정의는 로컬푸드 운동을 비롯한 대안 농식품 운동과 결합해 지역 내 먹거리 불평등의 해소를 위한 다양한 계획을 수립하고 집행하는 이론적 자원이 되었다. 특히 먹거리 정의는 주로 북반구(the North)에서 먹거리 정책 협의회, 푸드 플랜(도시 먹거리 계획) 등과 운동적으로 밀접하게 연관되어 있다. 다른 한편으로, "환경친화적이고 지속가능한 방식으로 생산되고 문화적으로도 적합한 식량에 대한 민중들의 권리이며, 또한 민중들이 그들의 고유한 식량과 농업 생산 체계를 결정할 수 있는 권리"로 정의되는 식량주권은 주로 남반구(the South)에서 헌법 개정, 기본권 제정 등을 통해 먹거리 체계의 전환을 모색하는 정책 틀(policy framework)로 쓰이고 있다. 이러한 다양한 층위의 대안 먹거리 운동 진영의 제도권 참여는 기존에 경제적 측면에 국한되어 있던 먹거리 정책을 먹거리의 다양한 가치와 농업의 가치, 농민권리 등을 포괄적으로 고려하면서 장기적인 먹거리 체계로의 전환을 지향하는 종합 정책으로 변화시키고 있고, 이것이 푸드 플랜으로 연결된다고 할 수 있다.

푸드 플랜 수립은 농업과 먹거리의 다기능성을 중심으로 다양한 이해관계자 그룹 — 생산자, 생산자 조직, 소비자, 시민운동 조직, 유통업자, 지방 및 중앙 정부 등 — 의 합의를 바탕으로 이를 정책화하는 과정이기 때문에 거버넌스의 구축이 필수적이다. 공공성이 강화되기 위해서는 농업과 먹거리에 대한 사회적 의제화를 통한 공감대 형성이 중요하다. 이러한 작업이 생략된 채로 푸드 플랜이 진행된다면, 이는 단순한 설계도 이상의 의미를 가질 수 없다. 해외 각국에서도 지역과 도시에서 푸드 플랜 수립이 활성화되기에 앞서 먹거리 정책협의회 구성이 활발하게 이루어진 이유도 이 때문이다. 국내에서도 푸드 플랜 수립 필요성을 제기한 직접적이고 실천적인 배경이 되었던 학교급식 운동, 로컬푸드 운동의 과정에서 먹거리 정책협의회와 같은 거버넌스의 중요성이 줄곧 제기되어 왔다.

현재 세계 여러 지역에서 진행되고 있는 푸드 플랜은 지역 내 혹은 인근의 생산지와의 협력을 통해 상생의 방안을 마련하는 도시-농촌 상생 거버넌스 구축 그리고 먹거리 정책 결정에서 시민들의 역할을 중시하는 특징을 가지고 있다. 또한 세계화된 먹거리 체계가 갖고 있는 문제점에 대한 인식을 바탕으로 지역 내 생산과 소비의 증진이라는 경제적인 측면을 넘어서, 생산에서 가공, 유통, 소비를 분절적으로 파악하지 않고 통합적, 상호 의존적인 순환 체계의 구축을 염두에 두는 재지역화(re-localization)가 중심에 자리 잡고 있다. 이는 인근 도시-농촌의 협력 등 먹거리 보장과 지속가능성이라는 전략적 관점에서 로컬을 확장하는 것이기도 하다. 생산 기반이 없는 도시 지역의 경우에도 먹거리만이 아니라, 농과의 연결 고리를 찾고자 하는 고민으로 자연스럽게 이어졌다. 바로 이런 이유로 도시와 농촌을 연결할 수 있는 정책에 대한 고민이 푸드 플랜이라는 이름에 녹아들 수 있었다.

푸드 플랜은 다양한 행위자(actors)와 공간(도시-농촌), 정책을 결합하기 위해 관련 인프라의 구축과 공적 조달이라는 수단을 활용하게 되는데, 특히 정책 결정과 실행에 공공성이 담보될 수 있도록 민관 거버넌스의 구축이 먹거리 정책협의회나 먹거리위원회의 활성화가 중요하다. 이를 바탕으로 지역민의 건강 증진, 지역 내 선순환 구조의 모색, 기후변화에 대응하는 먹거리의 공적 조달 체계의 구축이 푸드 플랜에 담기게 되는 것이다.

이런 이유로 2015년 10월에 이탈리아 밀라노 국제엑스포에서 세계 100여 개 도시 대표가 참여하여 채택한 '밀라노 도시 먹거리 정책 협약(Millan Urban Food Policy Pact)'에서도 거버넌스(협치)가 지속가능한 식생활과 영양, 사회경제적 형평성, 먹거리 생산, 먹거리 공급 유통, 음식 낭비와 함께 핵심적인 사항으로 제시되고 있다. 협약은 인권에 기반을 둔 틀 내에서 모든 사람들에게 건강하고 적절한 먹거리를 제공하는 포용적이고 회복력 있는 안전하고 다양하며 지속가능한 도시 먹거리 체계의 구축을 위해 7개 분야 37개 항의 실행 프레임으로 구성되어 있다(표 7-1 참고).

한국의 경우, 2018년 이전에 몇몇 지자체(전주시, 화성시, 옥

권장 행동	실행 과제
거버넌스 (협치)	기관 및 부서를 넘어서는 협력 도모
	다양한 이해관계자의 참여 강화
	지역사회의 먹거리 계획 수립 및 평가
	먹거리 정책 · 계획의 역량 강화
	다중적 정보 시스템 개발과 개선
	재해 위험 감소 전략 개발
지속가능한 식생활과 영양	지속가능한 식생활의 홍보
	부실한 식사와 관련한 비전염 질병 해결
	지속가능한 식생활 지침 개발
	지속가능 식단 및 식수 공급을 위한 기준 및 규율 적용
	캠페인 수행을 위한 자발적 혹은 규제력 있는 기구 검토
	보건 및 먹거리 분야 공동 행동 장려
	안전한 식수 및 위생을 위한 적절한 투자
사회경제적 형평성	취약 계층의 먹거리 접근성 향상을 위한 먹거리 조달
	학교급식 프로그램의 방향 전환
	먹거리 · 농업 부문 노동 환경 개선과 양질의 일자리 촉진
	소외 계층을 위한 먹거리 관련 사회적 연대 활동 장려
	먹거리 네트워크 촉진과 풀뿌리 활동의 지원
	참여형 교육, 훈련, 연구조사 촉진
먹거리 생산	도시와 근교 지역 농업의 촉진과 강화
	먹거리 생산 · 가공 · 유통에서 소농, 여성, 젊은층 참여 추구
	통합된 토지 이용 계획 관리를 위한 생태적 접근법 적용
	지속가능한 먹거리 생산을 위한 토지 접근과 사용권 안정 보호
	도시 및 근교 생산자에게 실행 가능한 서비스 제공 지원
	도시-농촌 짧은 유통, 생산자-소비자 네트워크 등 지원
	물(폐수) 관리 개선으로 농업 · 먹거리 생산 재사용
먹거리 공급 유통	적절한 먹거리의 접근성 보장을 위해 먹거리의 흐름을 결정
	먹거리의 저장 · 가공 · 수송 · 유통의 개선된 기술 지원
	지역 먹거리 법률 · 규정에 의해 먹거리 제어 시스템 평가 강화
	먹거리의 보편적 권리 실행을 위한 공공 조달 가능성 활용
	지자체 공공 시장을 위한 정책 및 프로그램 지원 제공
	시장 제도와 관련한 인프라의 지원 확대 · 개선
	비공식 부문이 수행하는 도시 먹거리 체계에 대한 기여를 인정
음식 낭비	먹거리 손실 및 낭비 감축 평가 · 모니터 활동가 모집
	먹거리 손실과 폐기물에 대한 인식 제고 활동
	낭비 방지 및 먹거리 활용을 위한 민간 부문 및 기관의 협력
	먹거리 공급망에 따른 안전한 먹거리의 회복 및 재분배 촉진

표 7-1. 밀라노 도시 먹거리 정책 협약의 정책 실행 프레임(37개 실행 과제)
자료: Milan Urban Food Policy Pact, 2015

천군, 서울특별시 등)가 푸드 플랜을 만든 것을 계기로 중앙정부가 기초 및 광역 지자체를 대상으로 푸드 플랜 구축 지원 사업을 전개했다(표 7-2 참고). 푸드 플랜과 관련된 구체적인 작업이 확산된 직접적인 배경은 중앙정부와 지방정부가 푸드 플랜 구축을 농정의 주요 내용을 삼았다는 점에 있다. 하지만 그 이전부터 통합적인 시각을 바탕으로 우리의 농과 식을 바라보고, 오랜 기간 농업과 먹거리 문제의 대안적 해결을 모색해 온 농업운동 진영과 시민사회 진영의 노력이 있었기에 이러한 진전이 가능했다.

지역의 농업과 먹거리, 복지, 건강과 환경 등을 아우르면서 지역민들의 요구와 열망을 담아내야 하는 것이 푸드 플랜이지만, 각 지자체에서 만들어진 푸드 플랜이 이러한 요구와 열망에 부응하지 못하는 경우도 많다. 이 때문에 지금 진행되고 있는 푸드 플랜과 관련된 지자체의 발 빠른 움직임에 대하여 우려의 목소리가 나오기도 한다. 중앙정부의 지원 사업이라는 이유로 지방정부는 치밀한 목표나 구상 없이 보조금 확보에 나서는 경우도 있다. 또한 지역을 촘촘하게 고민해야 하는 것이 푸드 플랜인데, 지역명과 통계 수치만 바꾼 판박이 푸드 플랜이 나온다는 이야기도 들린다. 이른바 속도 조절이 필요하다는 지적이다. 또한, 과거의 유통 중심의 사고에서 만들어진 생산, 소비 통계를 활용하여 탁상에서 만들어진 푸드 플랜이 제출되는 경우도 있었지만, 최근 푸드 플랜에 대한 성찰이 더해지면서 플랜 속에 담아야 할 내용에 대한 전반적인 이해가

구분		지자체	
		기초	광역
~17년	자체 수립	전주, 화성, 옥천	서울
18년	수립 지원	서대문구, 유성구, 청양, 해남, 완주, 나주, 춘천, 상주	충남
	자체 수립	아산, 홍성	경기, 경남,
19년	수립 지원	경기(부천, 수원, 용인, 이천, 평택, 포천-연천) 충북(괴산), 충남(서산, 부여), 전북(익산, 김제, 부안), 전남(담양, 순천, 장성), 경북(구미, 안동), 경남(거창, 김해, 진주), 대전(대덕구)	부산, 경남, 세종
	자체 수립	광주, 시흥, 평창, 당진, 남해	대전
20년	수립 지원	광주(광산), 강원(홍천), 충남(금산, 예산), 전북(남원), 전남(영암, 광양), 경북(김천, 영주, 칠곡), 경남(거제, 통영)	강원, 경북, 울산, 전북, 충북

표 7-2. 기초 및 광역 지자체 푸드 플랜 구축 지원 사업
주: 2020년 5월 현재
자료: 농식품부

높아지고 있다는 점은 긍정적이라고 할 수 있다. 더욱이 중앙 정부가 먹거리 선순환 체계 구축을 위해 푸드 플랜 패키지 지원이나 로컬푸드 기반 사회적 모델 확산 사업 등을 펼치고 있는 것도 의미 있는 지점이다.

❷ 푸드 플랜과 도농 상생 공공 급식

현재의 농식품 체계는 주산단지 정책을 바탕으로 한 지역별 단작에 기반하고 있는데, 이에 부응하는 물적 체계를 기반으로 한 중앙 집중적인 농식품 체계는 지역의 농업을 더욱 어렵게 만들고, 먹거리를 매개로 하는 지역의 순환적 관계망을 훼손한다. 지역에서 생산되더라도 외지의 농산물이 가격을 무기로 지역의 상권을 지배하고, 지역에서 생산된 농산물도 마찬가지로 외지의 시장을 지배하는 구조가 되어 버렸다. 이것이 소비자의 후생보다는 유통자본의 이윤만을 증대시키고, 지역을 불문하고 농민을 옥죄는 구조가 되었다. 소수 작물 육성 정책은 지역의 수요를 고려한 정책이 아니라 소비지를 겨냥한 정책이고, 이는 특정 작물의 재배로 집중되는 쏠림 현상을 만들어 냈다. 또한 농산물 가격의 폭등과 폭락을 야기하여 농가 경제의 불안정을 심화시키는 주요 요인이 되기도 했다. 적정한 물량이 공급되어 가격이 안정되는 구조라면 주 작목 육성 정책이 지역을 살리는 정책이 되겠지만, 소수의 특정 작물의 재배로 인해 가격 폭락이 되풀이되는 이른바 '폭탄 돌리기'가 반복되고 있다. 또한 1년에 1,000만 원의 매출도 올리지 못하는 농가의 비율이 70%에 육박하고, 우리나라 가구의 6% 가까이는 경제적인 이유로 먹거리 결핍을 경험하고 있다. 소규모 생산 농가와 먹거리 소외 계층을 연결시키는 공적인 개입이 절실하다는 인식도 푸드 플랜에 대한 사회적 관심이 높아지게 된 이유라고 할 수 있다. 소규모 생산 농가는 물량 자체가 소량이다 보니 유통업체와의 교섭력에서 불리할 수밖에 없고, 농협의 계통출하는 일정 규모 이상의 농가가 상대적인 우위를 점하고 있다. 반면, 소규모 농가는 다품목을 생산할 수 있는 여력이 나름 높기 때문에 지역이 필요로 하는 다양한 농산물을 생산하고, 이들 농가가 생산한 것을 지역에서 우선적으로 사용할 수 있는 구조를 만들고, 이를 기반으로 지역 내 먹거리 취약 계층 해소에도 기여하고자 하는 것이 푸드 플랜의 내용이기도 하다.

최근 정부가 국가 및 지역 단위 푸드 플랜을 고민하면서, 그 중심에 공공 급식이 자리 잡고 있는 것은 의미 있는 진전이라고 할 수 있다. 관행적 유통 채널에 주로 의존했던 군대 급식이나 공공기관의 단체 급식에 학교급식-로컬푸드-공공 급식의 지향점과 가치를 확대 · 실천하려는 점에서 크게 환영할 일이다. 특히, 공공 급식은 먹거리 위기에 직면한 취약 계층에게 식사를 제공하는 공적 행위로서 시장 효율성보다는 공공성의 원리에 의해 제공되는 급식이다. 따라서 기존의 신자유주의적 기조 하에서 시장에 맡겼던 상당 부분을 공적 · 사회적 영역으로 가져오는 푸드 플랜에서는 기존의 시장 영역의 먹거리 조달 시스템을 어떻게 공적 조달 체계로 전환하는가가 핵심 요

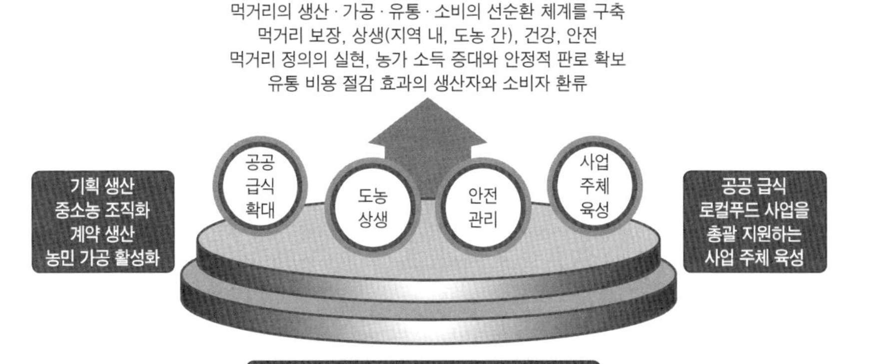

그림 7-3. 푸드 플랜: 먹거리 선순환을 위한 전략

소라고 할 수 있다. 조달 시스템을 공적 영역으로 흡수한다는 것은 유통이나 가공, 소비의 과정에서 기존의 시장 영역이 내부화를 통해서 흡수해 갔던 잉여 부분을 사회화시키는 것뿐만 아니라, 공적인 조달 체계를 구축해 새로운 외부 효과를 창출할 수 있는 구조를 만드는 작업이다(그림 7-3 참고).

지역 푸드 플랜에서 공적 조달이 중요한 가장 큰 이유는 공공 급식의 먹거리 구매력과 공공 시장의 연계 가능성에 있다. 우선 학교, 복지시설, 병원, 군대, 교도소 등 급식을 위해 식재료를 조달하는 기관은 자체적인 식재료 기준이나 공적 조달 등 관련 제도의 정비를 통해 로컬푸드, 친환경 식재료의 공급이 용이하다. 다른 한편으로는 이와 같은 제도 정비를 통해 기업 참여 위주의 최저 가격 입찰과 시장 경쟁에 의존하는 조달 체계를 생산자와의 사회적·물리적 거리를 좁히고 협동조합 등 사회적 경제 조직이 참여하는 형태로 좀 더 변화시킬 수도 있다.

이런 이유로 서울시는 우선 공공 급식 영역을 중심에 둔 푸드 플랜을 구상했다. 서울시가 2017년 6월에 먹거리 마스터플랜이라는 이름으로 발표한 푸드 플랜에서 핵심적인 정책이 도농 상생 공공 급식이었던 것도 이 때문이다. 그동안 먹거리와 관련해 시민운동 진영이 주도한 학교급식 운동이 활발하게 전개되어 먹거리에 대한 공적인 개입의 정당성이 확인되었고, 이것이 공공 급식으로 연결되었다.

이런 점에서 서울시의 푸드 플랜인 '도농 상생 먹거리 마스터플랜'이 고민하고 해결하고자 했던 부분들은 많은 점에서 시사적이다. 서울시가 공공 급식의 확대 및 조달 체계의 변화를 모색했던 이유는 시민들이 직면하고 있는 먹거리 현실이 그만큼 절박하다고 인식했기 때문이다.

첫째, 1인당 국민소득 3만 달러를 이야기하는 시대에 살고 있으면서도 1,000만 서울 시민 중에서 경제적인 이유로 먹거리 결핍을 경험한 시민이 50만 명을 넘고, 복지 전달 체계를 통해서 쌀은 받지만 편의상 라면으로 끼니를 해결하는 독거노인들도 상당수 존재한다는 점이다. 수혜자들의 존엄성을 훼손하지 않으면서 끼니를 해결하도록 하는 방식에 대한 고민이 공공 급식이라는 정책적 개입의 모색으로 연결되었다.

둘째, 서울시의 공공 급식 시설(학교, 유치원, 어린이집, 지역아동센터, 복지시설, 시립 병원, 서울시 공무원 등)의 1일 식수 인원은 180만 명을 넘고 있으며, 이 중 1/4에 해당하는 어린이집, 지역아동센터, 복지 기관의 급식의 질은 학교급식에 비해서 매우 열악한 상황이다. 어린이집의 경우 급식 단가가 97년에 책정된 1,745원으로 22년째 동결되어 왔고, 친환경 식재료 구매 비율은 학교급식에 비해서 현저하게 낮다. 일부 어린이집이나 지역아동센터의 경우 생협 등을 통해서 식재료를 구매하기도 하지만, 많은 급식 시설들은 안전하지 못한 식재료에 노출되어 있다고 할 수 있다. 특히 25인 이하의 소규모 시설의 경우에는 대형 마트, 동네 슈퍼, 재래시장 등을 통해서 개별 구매하는 경우가 많기 때문에 안전한 식재료의 안정적인 확보에 어려움이 크다.

어린이집 학부모들은 국내산 친환경, Non-GMO, 무화학 첨가물, 신선 제철 식재료에 대한 욕구도 매우 높지만, 실제 급식 현장에서는 이를 충분히 충족하지 못하고 있는 상황이기도 하다. 지역아동센터의 경우 1일 1식 식수 인원 규모가 작아서 식재료 구매 단가가 상대적으로 높을 수밖에 없고, 또한 식재료 품질 및 급식의 질을 향상시키기에는 뚜렷한 한계가 있다. 공급 방식도 일정 기간 계약에 의한 안정적인 공급보다는 그때그때 필요에 따라 이루어지는 경우가 많기 때문에 식재료의 품질 및 가격을 안정적으로 유지하기 어렵고, 급식의 질을 안정적으로 유지하는 데도 애로를 겪고 있다.

이런 상황에서 먹거리 결핍을 해소할 수 있는 기반을 만들고 건강한 식재료를 조달하는 시스템은 직거래 방식의 유통망을 촉진하고 건강한 식재료의 지속가능한 생산 등을 촉진함으로써, 그리고 공적 조달의 잠재력을 활용함으로써, 서울시민의 먹거리 기본권도 보장하자는 것이 '도농 상생 공공 급식'으로 연결되었다고 할 수 있다.

그런데 문제는 도농 상생에 걸맞은 관계 시장에 포함되는 산지의 농가들의 조직화 여부라고 할 수 있다. 다행스럽게도 중소 가족농의 조직화를 통해 지역 먹거리 체계를 만들어 내기 위한 농촌 지역의 노력들을 바탕으로 지역 내 선순환 구조가 나름 자리를 잡아 가고 있었다. 지역 농산물을 학교급식 식재료로 사용하기 위한 과정에서 기존의 유통 조직과의 싸움도 있었고, 위탁 급식의 안전 문제가 불거지자 이를 직영 급식으로 바꾸기 위한 노력들도 있었기에 서울시의 꿈도 가능했다. 소량이라고 해서 남아도는 농산물의 판로를 확보하지 못했던 농민들이 즐거운 마음으로 출하할 수 있는 농민 장터나 로컬푸드 직매장이 활성화되면서 개별적으로 분산되어 있던 농민들이 서로 협동할 수 있는 계기가 만들어졌고, 과거에는 꿈도 꾸지 못할 일을 실천할 수 있게 되었다고 할 수 있다. 별로 큰돈이 되는 것도 아닌 꾸러미 사업이지만, 이를 통해서 농민의 마음을 소비자에게 전달하고, 이 사업을 통해서 농촌 마을의 공동체성을 회복하려는 운동이 현재의 관계 시장의 희망을 만들어 냈다고 할 수 있다.

다만 산지의 특성상 수요 확대의 절벽이라는 위기에 직면해 있는 경우가 많은 상황에서, 서울시의 공공 급식이라는 새로운 수요처가 농민에게 힘을 주고, 학교급식으로 힘을 얻었던 친환경 생산 농가에게 공공 급식을 통해 새로운 힘을 주고자 하는 것이 서울의 먹거리 문제를 해결하는 상생의 방식이라고 할 수 있다.

'도농 상생 공공 급식'은 산지 직거래 이상의 의미를 가지고 있다. 현재 서울시의 학교급식의 경우에도 친환경유통센터를 통하여 식재료의 공급이 이루어지고 있지만, 산지의 생산자가 주도권을 발휘할 수 있는 구조와는 거리가 멀다. 공공 급식과 관련해서 서울시에서 시범 사업으로 추진하고 있는 방식은 자치구의 공공 급식 시설(어린이집)이 사용하는 식자재를 산지의 공공성이 확보된 중간 지원 조직(재단법인, 학교급식센터 등)으로부터 직접 조달받는 방식인데, 이는 산지의 중소 가족농이 적극적으로 결합할 수 있는 가능성을 높이는 데 목적이 있다. 서울시가 자치구와 함께 산지를 선정하는 데 있어서 식재료의 안전성(친환경 및 무제초제 여부 등), 조달 가능 품목의 다양성 등과 함께 중소 농가의 조직화 및 참여 정도를 평가의 근거로 삼고 있는 것도 이 때문이다.

서울시의 푸드 플랜에서 중요한 요소인 도농 상생 공공 급식의 공적 조달 체계가 안착되기 위해서는 앞으로 해결해야 할 과제도 많다. 첫째, 자치구 공공 급식 센터의 역할이 보다 확대되어야 한다. 현재 자치구 공공 급식 센터는 서울시의 푸드 플랜에서 밝힌 세부 실천 과제의 실행에 있어서 중요한 플랫폼 역할을 수행해야 할 것이다. 특히 현재 별개로 운영되는 학교급식과 공공 급식이 통합된다면 다양한 효과를 창출할 수 있을 것이다.

둘째, 서울시의 도농 상생 먹거리 정책이 그 가치를 잃지 않고 농촌의 중소 가족농에게 희망을 주고자 하는 취지를 실현하기 위해서는 산지 생산자의 조직화를 밀도 있게 진행해야 한다. 소수의 농가가 주도하는 것이 아니라, 지역의 다수 농가들의 참여가 보장되는 조직을 육성함으로써 지역 상생의 진정한 가치가 실현될 수 있도록 해야 한다.

셋째, 자치구 공공 급식 센터의 역할에 현재 서울시에서 진행하고 있는 먹거리 취약 계층에 대한 지원 사업이 결합된다면 서울 시민들은 보다 용이하게 먹거리 기본권을 확보할 수 있을 것이다. 자치구 공공 급식 센터가 지역공동체가 주도하는 커뮤니티 키친(공동체 부엌) 사업으로 연결되어 먹거리 취약 계층을 위한 먹거리 나눔 공간으로 발전할 수 있을 것이다.

❸ 푸드 플랜과 중소 규모 농가 참여의 조달 체계

푸드 플랜 속에서 진행되는 먹거리 조달 체계는 공적인 영역의 정책적 개입으로 이루어지는 것이므로, 시장 경쟁에 바탕을 둔 조달 체계가 아니라 농촌을 농촌답게 만들 수 있는 주체들이 참여하는 조달 체계여야 한다. 이를 위해서는 끊임없는 자기 성찰을 담아내는 조달 체계여야 한다.

첫째, 유통업체에 의해서 주도되는 조달 체계가 아니라, 농촌의 주체들이 자주성과 주도성을 발휘할 수 있는 조달 체계여야 한다. 농촌의 농민들이 대상화된 조달 체계가 아니라, 주체가 되는 조달 체계여야 한다.

개별적이고 분산된 농민들이 유통업체를 대신해서 그 역할을 수행하는 것은 어렵다. 유통업체가 주도하는 현재의 조달 체계를 극복하기 위해서는 조직화된 농민들의 힘이 필요하다. 조직화된 농민은 농민의 자조 조직, 산지 기초 지자체의 중간 지원 조직 주도의 조직, 광역 지자체 주도의 자조 조직이나 중간 지원 조직 등 다양한 형태가 가능하다. 한 가지 고려해야 할 사항은 관행 유통 체계에 최적화된 시스템에 적응성이 높은 농가들이 주도하는 조직은 도농 상생의 가치를 충분히 담아내는 데 한계가 있을 수밖에 없다는 점이다. 농협이 주도하는 계통출하 방식에 대해서 문제의식을 갖는 것도 그것이 농민들을 대상화하면서 진행되어 왔다는 측면에서 일반 관행 유통과 큰 차별성이 없기 때문이다. 영농 규모의 크기, 재배 품목, 성별, 영농 연수 등과 관계없이 지역의 농가들이 참여할 수 있는 길을 열어놓고, 가격 결정 등을 포함한 운영의 민주성을 담보할 수 있어야 한다.

둘째, 농업의 지속가능성을 확보할 수 있는 조달 체계여야 한다. 지속가능한 농업은 기본적으로 생태적 다양성의 확보로 가능하다. 대규모 영농은 기본적으로 생태적 다양성을 확보하기 어렵다. 노동보다는 기계에 의존하는 시스템이고, 순환 영농이 어려운 외부 의존형 영농이다. 대규모 영농은 이윤의 확보가 지속가능성의 첫 번째 조건이므로 생태적인 고민은 뒷전으로 밀릴 수밖에 없다. 공공 급식이 도시에서는 먹거리 복지를 실현하는 도구라면, 산지에 대해서는 생산적 복지와 생태적 다양성을 확보하는 수단이 되어야 한다.

셋째, 중소 규모의 농가의 참여가 보다 수월한 형태의 조달 체계여야 한다. 현재 학교급식에 제공되는 농산물의 공급에 중소 규모의 농가도 참여하고 있지만, 이들이 공급하는 물량이 전체 공급 물량에서 차지하는 비중은 매우 낮다. 특히 현재 서울시 학교급식에 참여하고 있는 산지 공급업체는 광역 조직이기에 중소 규모의 농가를 직접 조직화하고 참여시키는 것이 현실적으로 어렵다. 광역 단위에서는 관리의 측면에서 보더라도 대규모 생산 농가로부터 대량의 농산물을 한꺼번에

받는 것이 훨씬 편리하다. 더욱이 지역별로 주산 품목을 정해서 이루어지는 경우에는 더욱 그러하다. 따라서 광역 단위 조달 체계는 단작화와 규모화를 더욱 심화시키고, 이로 인해 중소 규모 농가의 참여가 원천적으로 배제될 가능성이 크다는 점이 문제라고 할 수 있다. 중소 규모 농가의 참여를 확대하기 위해서는 별도의 추가적인 노력이 필요하지만, 다행히 현재 전국 여러 산지에서는 지역 단위의 학교급식이나 로컬푸드 등에 중소 규모의 농가들을 조직화해서 사업을 전개하고 있다. 이들 조직을 밑으로부터 촘촘하게 묶어 내고 결합해 내는 작업이 필요하고, 이를 바탕으로 하는 권역별, 광역별 조직이 필요하다. 위로부터의 조직화는 오히려 현재의 단작화, 규모화를 심화시킬 가능성이 크다.

이와 함께 푸드 플랜에서 공공 급식이 지역 내 먹거리 선순환 체계의 출발점이 되도록 하기 위해서는 끊임없는 점검과 고민이 이루어져야 한다.

첫째, 상생의 가치를 실천하는 공공 급식에 대한 끊임없는 점검이 필요하다. 중소 가족농, 건강한 먹거리, 농업의 지속가능성 등의 가치가 현장에서 실제로 실천되고 있는지에 대한 점검이 필요하다.

둘째, 공공 급식의 영역을 확대하기 위한 고민도 지속되어야 한다. 초중고등학교 및 유치원, 어린이집, 지역아동센터 이외에도 많은 종류의 아동복지시설이 있음에도 불구하고, 아직은 이들 시설들이 공공 급식의 영역으로 들어오지 못했다. 장애인 시설의 경우에도 다른 어떤 시설보다도 많은 도움이 필요하지만, 이에 대한 지원은 아직까지 제대로 이루어지지 못하고 있다.

셋째, "아이에게는 건강을, 농민에게는 희망을"이라는 슬로건대로 보다 많은 농민이 공적 조달 체계의 혜택을 볼 수 있도록 해야 한다. 농업의 지속가능성, 건강한 먹거리의 조달이 이루어지기 위해서는 보다 많은 농민이 생태적 농업 방식에 참여할 수 있도록 하는 것이 필요하다. 그런데 현재의 인증 체계에서 친환경 농업의 실천은 소규모 생산 농가에게는 하나의 진입 장벽이기도 하다. 다행히 일부 지역에서 시작된 지역 인증(로컬푸드 인증)이 무제초제를 조건으로 시행되고 있다. 지역 인증과 결합된 공적 조달 체계는 더 나은 먹거리, 미래 있는 농업을 보다 실천 가능하게 할 것이다.

넷째, 이에 더해서 현재 고민 중인 지역 단위 푸드 플랜에서 사회적 경제주체들과 함께 공적인 조달 체계 구축을 고민하는 것은 지역 내 가치 사슬을 심화, 확대할 수 있다는 측면에서 중요하다. 특히, 사회적 경제주체들과의 결합은 지역의 먹거리 기본권의 강화와 먹거리 접근성의 확보라는 면에서도 중요하다. 먹거리 취약 계층에 대해서 먹거리 접근성을 강화할 수 있는 중요한 수행 역량을 갖추고 있는 사회적 경제주체들을 발굴하고 협력하는 것이 필요하다. 공적인 조달 체계의 구축은 학교급식이나 공공 급식에서 출발해서 지역의 먹거리 복지를 강화하는 계기로 시장 영역 중에서 결합 가능성이 높은 사업들을 고민할 필요가 있다.

다섯째, 공간적 관점에서 농산물의 생산과 소비의 비대칭성을 해결하는 데 있어서 새롭게 형성되는 공공 급식 조달 체계에 그 고민을 담아낼 필요가 있다. 이는 도농 상생이 공적 조달 체계에서 논의되는 이유이기도 하다. 서울시의 도농 상생 공공 급식 조달 체계는 지역의 산지 지자체와 서울시 자치구의 연결 고리를 만들어 내는 데 힘을 기울이고 있다. 이는 기존 학교급식의 조달 체계가 갖고 있는 시장적 특징을 완화하고자 하는 노력이다. 단순한 친환경 농산물의 유통 채널 중 하나로서의 학교급식이 아니라, 관행 유통 채널에 대항하는 대안적 유통으로서 관계 시장을 끊임없이 만들어 내는 일이 필요하다. 산지 지자체와 자치구를 연결하는, 다소 품이 많이 드는 방식을 택하고 있다. 그 이유는 다양한 관계망들을 심화시키고 확산시킬 수 있다면 도농 상생이 단순한 도시와 농촌의 상생이 아니라 사람들 사이의 상생으로 연결될 수 있기 때문이다. 이러한 목적성을 놓치지 않으려는 노력이 필요하다. 또한, 서울을 하나의 큰 시장으로 보고 이를 타깃으로 삼는 유통 정책이 아니라, 지역의 순환적 먹거리 체계를 굳건하게 하는 동반자로 인식하는 것도 공적 조달 체계가 가져야 할 부분이기도 하다.

중소농의 주도적인 참여를 이끌어 내기 위해서 아래로부터의 조직화가 우선되어야 한다. 큰 틀을 만드는 작업이 푸드 플랜이지만, 이는 자칫 잘못하면 만들어 놓은 틀에 지역의 자원들을 인위적으로 배치하는 결과를 초래해서 먹거리만 보이고 농민은 보이지 않는 잘못을 저지를 수 있다. 그런 점에서 중소농의 주체적인 참여와 역량 강화가 필요한 것이다.

그렇다면 중소 규모의 가족농을 어떻게 공공 급식으로 결합해 낼 것인가? 첫째, 산지 농가의 실질적 결합도를 높이기 위해서는 아래로부터의 조직화가 필요하다. 효율과 이윤의 관점에서는 선택과 집중이라는 방식이 선호되겠지만, 시장 관점에서 벗어나 지속가능성의 관점을 강화하기 위해서는 지역의 농가들, 특히 생태적 영농에 관심이 높은 농가들의 조직화가 필요하다. 물류 효율이나 관리 감독의 관점에서 농가를 대상화하는 것이 아니라, 산지 농가들의 조직화를 통한 효율의 달성과 주체적 관리가 이루어져야 한다. 산지 기초 단위 조직 - 권역별 조직 - 광역 조직이라는 순서로 조직화가 이루어져야 한다. 광역 조직이 권역이나 기초 단위의 조직을 건설하는 방식은 현실의 물류적 효율을 추구할 수밖에 없고, 산지를 주력 품목 위주로 재편해서 유통자본이 활용하는 산업적 방식을 답습할 가능성이 크다.

둘째, 산지의 학교급식 센터나 공공 급식 센터 등 시장 영역의 먹거리 문제를 공적·사회적 영역으로 끌어오기 위해서 진행해 온 그동안의 성과를 끌어안는 조달 체계를 만들어야 한다. 현재도 진행되고 있는 사안이지만, 농산물 가격의 주기적인 폭락과 폭등에서 벗어나지 못하는 구조가 정착된 이유 중의 하나는 대규모 단작을 기반으로 한 주산지 육성 정책 때문이라고 할 수 있다. 경작할 수 있는 환금작물의 품목이 제한적이기 때문에 발생한 부분이기도 하지만, 지역의 주력 품목 육성 정책은 산업적 농업 육성 정책이고, 이는 시장 제일주의 농업이기에 농민적 농업의 방향과는 상충된다. 따라서 지역 내 다품목 공급이 가능한 기획 생산으로의 전환과 지역 내 시장 창출을 지향하는 먹거리 정책이 이러한 문제를 해결할 수 있는 연결 고리가 되어야 한다. 조달 체계를 공공의 영역으로 흡수하는 것은 유통이나 가공 과정에서 기존의 시장 영역이 내부화를 통해서 흡수해 갔던 잉여 부분을 사회화시키는 것뿐만 아니라, 공적인 조달 체계의 구축을 통해서 새로운 외부효과를 창출한다는 목적성을 명확히 하면서 진행되어야 한다.

셋째, 공적 · 사회적 형태의 중간 지원 조직(푸드통합지원센터, 로컬푸드지원센터, 학교 및 공공 급식 지원 센터 등)의 역할이 중요하지만, 보다 중요한 것은 생산 농가의 조직화에 있어서 농가를 대상화하지 않도록 하는 것이다. 생산 농가를 조직화의 대상으로 삼지 않고, 농가 스스로가 조직화할 수 있도록 유도하는 것이 필요하다. 농가 스스로가 협업 조직을 만들 수 있도록 지원하고, 기획 생산의 주체로 서도록 하는 것이 필요하다. 중간 지원 조직이 개별 농가를 대상으로 기획을 하는 것이 아니라, 농민 조직이 기획을 하도록 함으로써 농민들이 자생력을 높여 나가야 한다. 지역 농민들의 참여가 보장되는 조직을 육성함으로써 지역 상생의 진정한 가치가 실현될 수 있도록 해야 한다.

❹ 푸드 플랜에 관한 쟁점들

먹거리 선순환 체계를 만드는 푸드 플랜은 농업과 먹거리, 환경의 지속가능성을 담보하기 위한 조처이기도 하다. 푸드 플랜이 친환경 농산물만을 대상으로 하는 것은 아니지만, 건강한 지역사회의 구축이라는 점에서 보면 환경을 배려한 지속가능한 농업이 푸드 플랜 속에 담겨야 한다. 현재 한국의 친환경 농업은 인증, 더 정확하게는 제3자 인증에 길들여져 있는 친환경 농업이다. 친환경 농업은 생물 다양성을 확보하고 외부 자재에 대한 의존도를 줄이면서 내부의 유기적 관계를 공고히 하는 것이 애초의 취지이지만, 현재의 친환경 농업은 소규모 생산 농가가 진입하기에는 어려움이 있다. 농업총조사 결과치에 따르면, 2010년과 2015년을 비교해 볼 때, 친환경 농산물 전문 유통업체를 통한 출하율이 판매 금액 500만 원 미만의 농가는 낮아졌으나, 판매 금액이 높은 농가의 비율은 높아졌다. 따라서 친환경 농업이 판매 금액이 높은 농가들만의 전유물로 되지 않도록 하는 고민이 푸드 플랜에 담겨야 한다.

푸드 플랜이 우리 사회의 농업 문제와 먹거리 문제를 완벽하게 해결해 줄 수 있는 처방전은 아니다. 그러나 날로 심각해지고 있는 우리의 농업 문제와 먹거리 문제를 생각해 볼 때, 현재 정부가 추진하고 있는 푸드 플랜마저 그 역할을 제대로 하지 못한다면 또 하나의 희망을 놓쳐 버리는 꼴이 될 것은 분명하다.

그러나 그동안 지역 내 선순환 체계를 구축하기 위해서 노력해 온 많은 주체가 우리나라 곳곳에서 활동하고 있다는 점을 생각하면 중요한 것은 이들 자원을 어떻게 엮어 내느냐에 있다고 할 수 있고, 다소 뒤처져 있는 지역들은 앞선 지역의 사례를 거울삼아 의미 있는 작업을 진행할 수 있을 것이다. 그럼에도 불구하고, 구체적인 각론에 들어가면 고민의 지점이 많다.

첫째, 진정한 '협치'를 어떻게 이룰 것인가?

협치는 민-관, 관-관, 민-민 등 다양한 각도에서 이야기할 수 있다. 일단 민-관 협치의 경우, 과거에 그래 왔던 것처럼 하향식 임명을 통해서 위원회가 만들어진다면 지역민들의 주체적인 참여를 끌어낼 수가 없다. 농업과 먹거리와 관련한 다양한 분과 위원회를 고민하고, 각각의 분과위원회에 관련 농민, 시민을 포함한 다양한 이해 당사자들의 참여 폭을 넓혀야 생산-가공-유통-소비(복지)-재활용으로 이어지는 선순환이 만들어질 수 있을 것이다. 공모 등을 통해, 그리고 분야별 단체의 추천을 통해서 위원회를 구성하고 있는 경우도 있지만, 관이 민간 위원을 임명하는 지명식 위원회로 구성되는 예도 있다. 협치의 정신이 없는 위원회는 의미 없는 조직에 불과하다. 정치적 이해관계나 호불호를 떠나서 지역의 농업과 먹거리를 고민하는 다양한 주체들이 참여해야 제대로 된 푸드 플랜이 만들어질 수 있다.

위원회에 참가하는 민간 진영의 구성뿐만 아니라, 자치단체 공무원의 구성도 깊이 고민해야 한다. 이른바 부서 간 칸막이가 두텁게 존재하고 있는 상황에서 먹거리 정책의 통합적 추진은 쉽지 않다. 특정 과나 팀이 주도하는 형태가 되어서는 협치가 이루어질 수 없다. 아울러 민-민의 협치가 이루어져야 한다. 지역 내에 존재하는 다양한 주체들은 갈등과 협력의 양 지점에 서 있는 경우가 적지 않다. 푸드 플랜이 추구하는 지향점과 가치와는 별개로 집단의 이해에 따라 의사 표출이 이루어진다면 제대로 된 협치는 불가능하다.

둘째, '보충성의 원리'가 충분히 발휘되고 있는가?

현재 먹거리 선순환 체계 구축 수준은 지역 간 편차가 매우 크다. 중소 농가를 중심으로 한 기획 생산을 바탕으로 다품목의 농산물을 공공성을 담보하는 센터 등을 통해서 지역의 학교급식이나 공공 급식에 공급하는 지자체가 있지만, 변변한 중간 지원 조직도 없이 대부분의 학교급식 식재료를 업체를 통해 공급하는 지자체도 상당수 있다. 중요한 것은 마을의 주민들을 중심으로 조직화가 이루어지고, 중간 지원 조직을 매개로 지역 내 선순환 체계를 구축하고, 이를 위해 필요하고 부족한 부분을 광역 지자체가 결합함으로써 해결해 주는 것이 필요하다. 푸드 플랜에서 이야기되는 학교급식 센터나 공공

급식 센터를 물적 유통 시설 정도로 간주하는 몰이해도 존재하고, 기초 단위에 대한 고민도 없이 권역 센터, 광역 센터 이야기도 나온다. 센터는 지역의 먹거리 선순환을 구축하는 컨트롤타워라고 할 수 있다. 창고는 기존에 있던 것을 활용할 수도 있다. 중요한 것은 지역 내 자원들을 묶어 내는 일이고, 이 일을 하는 것이 센터의 주 역할이다. 물류의 관점에서 센터를 바라보면, 지역의 농민은 보이지 않고 먼 소비지만 보이게 되고, 이렇게 되는 순간 먹거리 선순환은 사라지고 또 다른 이름의 산지 유통 센터가 들어서게 되는 것이다.

기초 지자체 단위의 지지부진함이 있다고 광역이 이를 대신해서 주도하는 것이 아니라, 기초 단위의 역량을 키워 내고, 그래서 아래로부터 묶어 내는 일을 광역 지자체가 지원해 주는 줄탁동시(啐啄同時)의 지혜가 필요하다. 기초 단위의 학교급식 센터가 활성화되지 않은 지역에서는 광역 단위의 학교급식 센터 1개가 그 역할을 대신할 수 있지 않느냐는 주장도 나온다. 이는 센터를 설치하는 근본 취지를 망각한 성과주의 행정의 표본이라고 할 수 있다. 아래로부터, 아래에서 움직여야 만들어질 수 있는 촘촘함을 위로부터, 위에서 만들 수는 없기 때문이다. 이는 대한민국 헌법의 기본 원리인 보충성의 원리에도 어긋난다.

셋째, 공공 급식 지원 센터를 비롯한 중간 지원 조직의 역할은 어떻게 강화할 것인가?

일부이기는 하지만, 푸드 플랜 속에서 공공 급식 지원 센터를 유통 조직으로 한정해서 이해하는 경우도 있다. 이로 인해서 공공 급식 지원 센터의 운영에 있어서 공공성, 민주성, 개방성이라는 가치를 어떻게 담보할 것인가에 대한 고민보다는 농협을 비롯한 유통 전문 조직에 위탁하는 방식을 쉽게 선택하기도 한다. 농협이 물적 기반 시설을 이미 확보하고 있고 유통과 관련한 전문적인 지식을 갖고 있다는 것을 인정하더라도, 다른 한편으로 농협이 그 역할을 제대로 수행해 왔다면 농업 · 농촌이 현재와 같은 위기적 상황에 봉착했을까, 아니면 이 위기 상황을 타개하기 위해서 충분히 활동을 했는가에 대한 자문은 최소한 필요하다. 공공 급식 지원 센터 내의 업무 중에서 물류와 관련된 부분은 유통 전문 조직이 담당하더라도, 지역 농민과 소비자, 유통업체, 급식 관계자, 학부모 단체 및 시민사회 진영 등 다양한 행위자들이 참여하는 공공성, 민주성, 개방성이 담보된 조직이 주도하여 지역 내 먹거리 선순환 체계의 구축이 이루어져야 한다.

넷째, '생태적 지속가능성'을 어떻게 담아낼 것인가?

푸드 플랜이 퍼지기 이전부터 농업과 먹거리를 고민해 온 주체들이 우리 사회 곳곳에서 활동하고 있다. 이런 활동들의 결과가 로컬푸드 운동의 확산이나 친환경 농업의 확산, 무상 급식의 확대 등으로 연결됐다고 할 수 있다. 이런 운동은 지속가능한 사회의 구축이라는 큰 화두 속에서 진행되어 온 운동이라고 할 수 있다. 이들 운동은 별개 범주에서 활동해 온 것이 아닌 만큼 이를 통합해 낼 필요가 있다. 특히 친환경 농업의 경우, 2016년부터 저농약 인증이 폐지되면서 급격하게 위축되었는데, 이를 빌미로 GAP 인증이 푸드 플랜의 중심에 들어오려는 움직임도 있어서 심히 우려스럽다. 일반 관행 농산물보다는 관리가 철저하게 이루어져야 한다는 점을 인정하더라도, 생태적 지속가능성이라는 측면에서는 비교 대상이 되지 못한다. 출발의 전제부터가 다르기 때문이다. 친환경 농산물만으로는 공급이 수요를 충족시키지 못한다는 이유로 농약의 사용을 전제로 하는 기준이 푸드 플랜의 중심이 될 수는 없다. 이와는 정반대로 '친환경 급식'이라는 용어에 매몰되어 급식 식재료로는 친환경 농산물만이 사용되어야 한다는 주장도 나온다. 급식 식재료의 안전성은 높여야겠지만, 2010년경을 정점으로 급속하게 축소된 친환경 농업을 다시 살려내는 고민이 푸드 플랜 속에 담겨야 한다. 완주군의 경우, 친환경 인증보다 약간 느슨한 수준의 실천(저농약 + 무제초제)을 요구하는 지역 인증을 시행하면서 지역 인증 농가에서 친환경 인증 농가로 전환하는 숫자가 늘어나고 있다(2017년 18 농가, 2018년 25 농가). 푸드 플랜이 먹거리 선순환 체계를 구축하는 새로운 운동인 만큼 친환경 농업의 확산에도 이바지할 수 있으려면 일단은 지역 인증 등을 통해서 장기적인 농업의 지속가능성과 먹거리의 안전을 확보해야 할 것이다. 이는 일종의 진입 장벽으로 굳어져 버린 친환경 농업의 제3자 인증 제도를 극복하면서, 건강한 먹거리의 지속가능한 생산을 이루는 방법이기도 하다.

다섯째, '푸드 플랜의 지속가능성'을 어떻게 담보할 것인가?

경쟁력 지상주의를 내걸고 효율 중심의 생산 정책으로 매진하던 정책에서 벗어나 순환과 상생의 정책을 고민하면서, 중소 가족농도 먹거리 생산에서 의미 있는 역할을 할 수 있는 체계를 만들고, 이를 더 수월하게 진행하기 위해서 이들 중소 가족농과 지역의 먹거리 수요를 연결 짓고, 더 나아가 지역의 먹거리 빈곤층을 해소하고, 건강한 먹거리를 위해 지역 농업과 연결 짓는 작업이 푸드 플랜이다. 이 푸드 플랜이 계획에서 끝나지 않고 지속적으로 추진되기 위해서는 무엇보다도 주체의 형성이 필요하다. 그 주체는 개별화되고 분산된 주체들이 아니라, 가치에 동의하고 함께하는 조직체여야 한다. 푸드 플랜은 농민들의 협동과 자치를 장려하고, 소비자들의 참여를 이끌어 내는 기제로도 작동해야 한다. 농민들을 대상화하는 것이 아니라, 스스로가 푸드 플랜의 주체여야 한다. 농촌 내 사회적 경제주체들 간의 연대가 공고하게 만들어지면 푸드 플랜을 통한 관계 시장의 사회화가 더욱 폭넓게 이루어질 것이고, 이를 바탕으로 먹거리 선순환 체계도 나름 자리를 잡을 수 있을 것이다.

여섯째, 모두가 감동하는 푸드 플랜을 어떻게 만들 것인가?

농식품 체계의 새로운 패러다임을 만들기 위한 구체적인 고민이 푸드 플랜으로 연결되었지만, 현장에 가면 새로운 패러다임 속에서 진행되는 사업임에도 불구하고, 기존 사업의 껍

데기만 바뀐 것으로 인식하는 경우가 많고, 단순한 유통 정책으로 치부하는 경우도 다반사다. 민관의 협치를 바탕으로 한 지역민들의 참여, 특히 소규모 농가나 여성농, 고령농, 귀농자 등이 생산의 주체가 되고 지역민들이 중심이 된 조직, 사회적 경제조직들과 함께 먹거리 선순환 체계를 만드는 것임에도 불구하고 이에 대한 공감대가 부족한 사례를 많이 접한다. 그동안 시설 중심, 개별 경영체 중심의 보조 사업에 익숙하다 보니 연관된 지원 사업이 네트워킹 사업이나 주체 발굴, 공유 시설 지원 등을 지향하고 있음에도 불구하고, 자신이 속한 조직의 시설 확충 예산쯤으로 착각하는 경우가 많다. 지역의 주체들이 공동체성을 발휘해서 지역을 위해 함께 할 수 있는 부분들이나 개별적으로 하기 어려운 부분들을 함께 고민하기보다는 밥그릇 챙기기에 몰두하는 볼썽사나운 모습도 보게 된다. 이런 현상은 우리네의 심성 탓이 아니라, 그동안의 농정이 만들어 놓은 결과다. 배려의 정신보다는 경쟁심만 북돋는 정책들에 익숙해 있다 보니 물 들어올 때 물고기를 잡지 않으면 안 된다는 조급한 심성이 우리 가운데 자리 잡아 버렸다. 대도시 소비 시장, 정체불명의 사람들과 경쟁하는 시장에만 익숙하다 보니 내가 살고 있는 지역과 내 이웃을 먼저 챙기는 일은 아무래도 익숙하지 않을 수밖에 없다. 자신이 사는 지역의 학생 수가 적다는 핑계로 대도시의 학생들에게 보내는 것에만 몰두할 것이 아니라, 우선 내 지역의 아이들부터 제대로 먹이자는 생각을 해야 한다. 물론 이런 생각이 낯설 수도 있지만, 이러한 익숙함과 이별하고 낯섦과 친해지지 않고서는 패러다임의 전환은 불가능하다. 모두가 기득권을 내려놓고 우리의 주위를 성찰해야 한다.

농산물 가격, 농업 소득, 농가 소득은 별개의 사안이 아니다. 가격만을 좇아가는 농업이 일상화되면, 가장 큰 피해를 보는 이는 농민이다. 안정적인 생산을 기반으로 하는 소득의 확보, 생활의 안정을 기할 수 있는 방식을 고민하다 보니 공익형 직불제나 푸드 플랜이 화두로 떠오르게 되었다. 지역 내의 생산과 소비를 좀 더 고민하면 특정 품목에 대한 집중의 문제도 서서히 해소될 수 있을 것이고, 지역에서 과잉생산 된 부분이 존재한다면 이를 지역의 학교급식이나 공공 급식에서 소비를 확대하고, 이를 바탕으로 다른 지역 급식 식재료를 공급하는 전진기지로 활용할 수 있을 것이다. 무엇보다 지역의 농업과 먹거리 문제를 지역의 주체들이 함께 고민하면, 그동안 우리에게서 멀어져 버린 공동체성의 회복에도 이바지할 수 있을 것이다. 패러다임의 전환은 매우 큰 화두이지만, 그 변화는 세세한 정책들에 대한 치밀한 얼개를 통해서 가능하기에 당장 현장에서 벌어지는 문제를 놓치면 결코 그 전환은 이루어질 수 없다.

푸드 플랜, 무엇을 채울 것인가?

최근 한국 사회에서 푸드 플랜과 관련된 논의가 활발하게 이루어지고 있다. 단 하루라도 푸드(먹거리)로부터 자유로운 사람이 없었는데, 푸드 플랜이 갑자기 화두로 등장한 이유는 무엇일까? 촛불 혁명을 기반으로 들어선 정부인 만큼 먹거리와 관련된 논의가 보다 근원적이고 통합적으로 진행될 것이라는 희망을 바탕으로 이루어진 것이라면 의미 있는 푸드 플랜으로 귀결될 것이다. 그러나 혹여 지난여름 살충제 계란 사건이 터지면서 확산된 먹거리 불안에 대한 즉흥적인 대응의 형태로 푸드 플랜에 대한 관심이 촉발되었다면 푸드 플랜에 대한 논의는 별다른 성과 없는 말잔치로 그칠 공산이 크다. 왜냐하면 푸드 플랜이라는 말이 회자되기 전에도 먹거리의 안전과 관련한 정부의 정책은 감시와 관리의 강화에만 집중되었기 때문이다.

푸드 플랜은 먹거리의 문제를 생산에서 유통, 가공, 소비, 그리고 재활용 및 폐기를 순환적, 통합적으로 파악한다는 것이 그 출발점이고, 한국 사회의 먹거리 문제는 거대 농기업이 현대의 먹거리 체계의 주도권을 장악하면서 발생했다는 인식에 대한 공유가 필요하다. 현대의 기업이 주도하는 먹거리 체계는 생산에서 유통, 가공, 소비를 분절적 형태로 만들었고, 이 과정에서 생산의 주체인 농민과 소비의 주체인 지역민과 국민들이 주도권을 상실했다. 더 큰 문제는 먹거리가 단순한 상품으로 취급되면서 먹거리와 관련한 농민과 지역민, 국민이 대상화되었다는 점이다. 이러한 문제들을 극복하기 위한 고민이 푸드 플랜에 담겨야 한다.

그렇다면 우리는 어떻게 푸드 플랜을 만들어야 할까? 첫째, 지역: 현대의 농식품 체계는 지역 단위의 순환적 체계를 무너뜨리고, 소비와 생산을 단선화하면서 국경까지 허물어 버린 구조이므로, 푸드 플랜의 첫 고민은 지역을 근거지로 이루어져야 한다. 지역을 기반으로 경제적, 사회적, 환경적, 공간적 순환과 상생의 체계를 만드는 것이 푸드 플랜이 1차적으로 수행해야 할 영역이다. 이러한 수행 과정에서 생산과 관련한 농민의 권리, 지역민의 먹거리 기본권 확보, 생태적 문제를 해결하기 위한 노력이 함께 이루어져야 한다. 둘째, 도시: 우리나라의 경우 도시화가 급속하게 진행되면서 먹거리의 생산 기반이 파괴된 지역들이 다수 존재한다. 특히 서울과 같은 대도시는 생산에 기반한 총합적인 푸드 플랜을 만드는 것은 물리적으로 어렵다. 이런 경우에는 생산을 기반으로 하고 있는 지역과 연계한 '도농 상생'의 푸드 플랜을 만들기 위한 고민이 필요하다. 서울이 시도하고 있는 '도농 상생 공공 급식'은 하나의 좋은 사례라고 할 수 있다. 따라서 생산 기반이 취약한 도시들은 광역 지자체 내의 인근 군 단위와 어떻게 관계망을 만들 것인가에 대한 고민이 푸드 플랜에 담겨야 할 것이다. 단순한 직거래의 외연적 확대가 아닌, 먹거리를 매개로 한 내포적 심화가 푸드 플랜을 채워야 한다. 셋째, 중앙정부: 지역의 푸드 플랜이 제대로 시행될 수 있도록 울타리가 되고, 언덕이 되는 것이다. 먹거리가 결과물로서의 푸드, 감시 대상으로서의 푸드에서 벗어나서 농업과 농촌의 지속가능성을 담보해 내고, 농민의 권리를 지켜 내고, 농업의 다원적 기능과 공익적 가치를 지켜 냄으로써 국민 모두가 안심하고 먹을 수 있는 먹거리를 식탁에 올리는 일이다. 이런 울타리가 만들어지지 않는 한 푸드 플랜도 또 하나의 몸살로 끝나 버릴 것이다.

『한국농정신문』(2017. 12. 7)

종장

1. 코로나19에서 얻는 교훈

코로나19로 세상의 많은 사람들의 일상이 무너졌다. 그래서 사람들은 이제 세상은 BC(기원전)와 AD(서기)가 아닌 BC(Before Corona)와 AC(After Corona)로 나누어질 것이라고 말하기도 하고, 심지어 Post Corona(코로나 종식 이후의 시대)는 없고 With Corona(코로나와 함께하는 시대)만이 있을 뿐이라고도 한다. 모든 사람이 '일상'으로의 회귀를 꿈꾸고 있지만, 무증상 감염까지 퍼지고 있는 상황에서 이 바람이 쉽게 현실이 될 것 같지는 않다. 역병의 퇴치를 위해 백신이나 치료제의 개발에 희망을 걸고도 있지만, 설사 백신이나 치료제가 개발되더라도 변종 바이러스가 계속 출현할 것이기에 미봉책에 그칠 것이라는 주장도 나오고 있다.

현대 문명이 낳은 다양한 문제들이 응축되어 출현한 것이 코로나19 대유행이기에, 사람의 눈에 보이지도 않는 바이러스가 만든 혼돈은 인간이 만들었다고 할 수 있다. 세계적 대유행의 근원은 생태계와의 조화를 전혀 고려하지 않는 투입-산출의 기계론적 환원주의와 이에 근거한 근대 과학기술 문명에 있다고 할 수 있다. 끝없는 경제성장, 생산의 무제한적 팽창에 대한 환상이 생태계의 파괴를 심화시켰다. 자신도 경제학자인 케네스 볼딩(Kenneth Boulding)은 "모든 것이 유한한 세계에서 기하급수적인 성장이 영구히 계속될 것이라고 믿는 사람은 미친 사람이거나 경제학자이다(Anyone who believes that exponential growth can go on forever in a finite world is either a madman or an economist)"라고 하면서, 무한 성장에 대한 환상에서 벗어나라고 일찌감치 경고하였지만, 이 무제한적 팽창에 대한 신화는 신자유주의 세계화가 확산되면서 더욱더 확대되었다.

끝없는 평원을 상정하고 자연에 대한 착취를 특징으로 하는 '카우보이 경제'가 자리 잡으면서 화폐적 투입과 산출이라는 경제적 계산이 모든 것을 압도했다. 경제적 계산에서 차액, 즉 이윤이 발생한다면 투입 에너지가 산출 에너지보다 많더라도 수지맞는 사업으로 되었다. 그리고 인류의 지속가능성이 위협 받더라도 수지만 맞는다면 합리적인 사업으로 여겨 왔다. 그런 가운데 이윤을 얻을 목적으로 물, 종자, 토지, 해양과 같은 공유 자원의 사적 점탈이라는 폭력은 '(영리 활동의) 자유'라는 이름으로 면죄부를 받았다. 이런 점에서 코로나

19는 단순한 역병이 아니라, 자본주의 사회의 패러다임 — 끊임없는 시장 확대와 자본 축적 — 에서 발생한 사회문제의 응결물이라고 할 수 있다. '우주선 지구(spaceship earth)'가 가진 극복할 수 없는 한계, 즉 폐쇄계 안에서 인간은 생태계의 일원에 불과할 뿐, 지배자가 아니라는 점을 명확하게 보여 준 것이 코로나19라고 할 수 있다.

카우보이 경제관 — 인간이 이용할 수 있는 자원들은 단기적으로는 유한하더라도, 자원 부족의 위기는 과학기술의 발전 때문에 극복되기에 중요한 것은 현재의 주어진 조건에서 더 많이 차지하는 것이고, 이로 인한 문제 해결은 미래 세대의 몫으로 남겨 두면 된다는 사고 — 은 현대의 산업적 농업을 완성하는 데에도 결정적인 기여를 했다. 영농의 지속가능성보다는 단기간의 이윤 획득이 중요시되었다. 단위면적당 수확량을 높이는 것이라면 땅의 유기물을 죽이는 것이든, 물을 오염시키는 것이든, 익충을 죽이는 것이든, 모든 방법이 동원되었다. 이러한 방식의 농업 기술 진보는 자연력의 영원한 원천인 생태계를 파괴하는 기술의 진보에 불과할 뿐이었고, 그 결과의 한 단면이 코로나19라는 역병으로 우리 앞에 모습을 보였다고 할 수 있다. 그리고 기후 위기를 비롯한 생태계의 위기라는 더 큰 재앙이 드리우고 있다.

무분별한 개발과 생태계 파괴는 역병이 창궐하기에 적합한 조건을 만든다. 더욱이 단작화를 중심으로 하는 산업적 농업은 생물 다양성을 훼손했고, 낮은 생물 다양성으로 인해서 토착 생물들의 텃세가 심하지 않기 때문에 바이러스를 비롯한 새로운 생명체가 정착하기 좋은 조건을 만들었다. 단일경작, 단작화로 인한 생물 다양성의 감소, 바이러스가 출현하기 좋은 오염된 환경이 역병의 창궐로 이어졌다고 할 수 있다.

이런 점에서 코로나19는 현대의 농식품 체계와 관련된 문제이면서, 농식품을 둘러싼 다양한 사회경제적 관계 속에서 발생한 문제이다. 과거에는 지역의 영역에서 이루어졌던 농(農)과 식(食)의 관계 맺음이 국경을 넘어서 지구화된 시장으로 확대되었고, 확대된 시장의 수요에 대응한 이윤을 얻기 위한 행동들이 인간의 공간적 활동 범위를 끝없이 팽창시켰다. 그 결과, 바이러스의 전염이 순식간에 지역을 넘어 세계로 퍼져 나갔다.

K-방역이라고 이야기될 정도로 한국이 낮은 사망률을 유지할 수 있었던 것은 확진자를 신속하게 걸러 내는 시스템의 작동과 확진자에 대한 발 빠른 선별 치료 덕분이었다고 한다. 봉쇄라는 방식이 아니라, 시민들에게 정보를 정확하게 전달하고, 시민들이 방역의 대상자가 아닌 참여자로 만들기 위한 노력이 유효했다고 할 수 있다. 적극적인 검진, 더군다나 드라이브 스루(drive-through)와 같은 다양한 형태의 검진 방식을 통한 확진자의 확인이 신속하게 이루어져서 확진자 대비 사망률을 낮게 유지할 수 있었다는 것이다. 민간 의료 영역에만 맡겨서는 달성할 수 없는 결과를 공적인 의료 체계가 뒷받침하면서 이룬 결과라고 할 수 있다. 마스크의 공급도 마찬가지였

다. 초기에는 마스크의 효능이나 사용 방법 등과 관련해서 혼란도 있었고, 마스크의 공급에 공적 개입이 있기 전에는 큰 혼란이 시장에서 발생했던 기억이 있다. 그러나 공적 개입을 통해서 점차 시장의 혼란이 진정되었다.

코로나19를 계기로 전 국민을 대상으로 하는 긴급 재난 지원금이 지급되었고, 특히 소득 · 매출이 감소하였음에도 고용보험의 보호를 받지 못하는 특수 고용직 종사자와 영세 자영업자 등을 위한 긴급 고용 안전 지원금이 지급되기도 했지만, 농민들을 대상으로 하는 사회적 안전망이 별도로 가동되지는 않았다. 코로나19로 인한 피해가 그 어느 부문 못지않게 컸던 곳이 농촌이지만, 농촌에 대한 별도의 대책은 거의 나오지 않았다. 경제적 양극화가 도시 지역보다도 더 깊은 농촌 지역임에도 별도의 지원은 이루어지지 않았다. 2019년의 농가 소득이 전년도보다 2% 이상 감소했고, 농업 소득은 무려 20% 이상 감소한 상황에서 코로나19의 직격탄으로부터 농촌을 지킬 안전망은 제대로 작동하지 않았다. 특히, 각종 행사가 취소되면서 화훼 농가의 어려움은 더욱 컸고, 학교 개학의 연기에 따른 학교급식 식재료를 공급하는 친환경 생산 농가의 어려움도 심각했다. 나중에 가정 꾸러미 사업이 여러 층위에서 이루어졌지만, 이미 많은 농산물이 산지에서 폐기된 이후였고, 일부 지역의 가정 꾸러미는 대기업이 수입 농산물로 만든 가공식품이나 쿠폰으로 채워지기도 했다. 그동안 친환경 급식 운동, 생협 운동, 로컬푸드 운동 등을 통해서 만들어 놓은 관계 시장, 공적 조달 체계가 위기를 극복하는 수단으로 활용되는 데는 미흡했고, 최근에 활발하게 진행되고 있는 푸드 플랜과의 연계도 충분하게 작동되지 못했다.

코로나19와 관련해서 많이 등장한 단어가 '기저 질환'이라는 용어였다. "어떤 질병의 원인이나 밑바탕이 되는 질병"을 말하는 기저 질환이 있는 환자의 사망률이 상대적으로 높다는 이야기였다. 이 말에 빗대 보면 한국 농업은 심각한 '기저 질환자'라고 할 수 있다. 그동안 한국은 "Global Food Security Index의 한국의 식량안보 지수 29위"라는 발표를 빌미로 20% 초반대의 곡물 자급률에 대한 문제 제기를 덮기도 하지만, 이제 코로나19와 같은 역병의 세계적 위험이 증대하고 있는 상황에서, 그리고 이 역병의 근원인 생태계의 급격한 질서 파괴가 진행되고 있는 상황에서 문제를 명확하게 인식해야만 한다. 식량의 안정적인 확보가 달러만으로는 불가능한 상황에서 자유무역의 정도가 높을수록 식량안보 지수를 높이 평가하는 엉터리 계산법은 더는 설득력이 있기 어렵다(이 지수에 의하면, 식량자급률이 10%에도 미치지 못하는 싱가포르는 식량안보 지수 1위 국가로 평가되고 있다). 집단면역을 외치면서 역병에 적극적인 대처를 하지 않았던 국가의 때늦은 후회를 반면교사 삼아서 한국의 농업 문제를 근원적으로 성찰하고, 기초 체력을 강화할 방안을 시급하게 마련해야 할 것이다.

2. 어떻게 '농'을 복원할 것인가?

무한 성장에 대한 환상은 사회를 급속하게 변화시켰다. 흔히들 사회의 변화 속도는 생태계의 변화 속도보다 빠르다고 이야기해 왔지만, 현재는 켜켜이 쌓인 사회적 퇴적물들로 인해서 생태계의 변화 속도가 사회의 변화 속도를 넘어서고 있다는 것을 코로나19가 보여 주고 있다. 카우보이 경제관이 만들어 놓은 허구의 논리는 농업과 먹거리를 지배하는 거대 자본들의 논리였다. '달러'만 있으면 먹거리 문제는 해결될 수 있을 뿐만 아니라, 대규모 농기업에 의해서 생산이 이루어지는 것이 더욱 효율적이라는 허구의 논리를 만들어 왔고, 이는 '농산물 자유무역'을 옹호하는 이데올로기로 활용됐다. 녹색혁명에 기반을 둔 산업적 농업이 미래의 먹거리를 책임질 수 있다는 환상은 주산지 중심의 단일경작 방식을 생존 전략으로 등극시켰다. 동시에 '과학'이라는 이름으로 포장된 지속가능하지 않은 기술들을 폭력적으로 확산시켰고, 전통 지식은 사라져 버릴 사람들의 마지막 기억으로 치부해 버렸다. 더욱이 산업적 농업에 적용된 근대과학은 최적의 수준에서 가용노동력을 투입하는 방식을 고민하기보다는 노동 투입량 자체를 줄이는 것을 목표로 하였기 때문에 대형 기계 중심으로 개발되어 농업도 에너지 다소비형 사업으로 되어 버렸다. 그 결과 과거 농업이 수행했던 긍정적인 다원적 기능의 상당 부분이 발휘되지 못하는 상황이 되었고, 심지어 농업 생산이 생태계를 위협하고, 결국에는 거꾸로 농업을 위협하는 또 하나의 화살이 되었다. 생태계와의 조화를 통해서 이루어졌던 1만 년 역사의 '영농'은 길게는 200년, 짧게는 100여 년 사이에 생태계의 지배를 바탕으로 하는 '농업'으로 되었다. 특히, 40여 년 전부터 지구적 규모로 진행된 신자유주의의 확산은 오랜 기간 농민이 개별 혹은 집단으로 유지하고 관리했던 많은 것들을 자본의 손아귀에 넘겨주었다. 지역이 가지고 있는 가치들에 대한 망각은 극에 달하게 되었다. 자연과 경제, 문화와 역사의 복합체로서의 지역은 세계화된 시장을 떠받치는 하나의 부속품으로 전락해 버렸고, 지역의 독자성이나 개성도 글로벌 스탠더드(global standard)라는 잣대로 무시해 왔다. 더 중요하게는 지역(농촌)의 주체로서의 지역민(농민)의 자율성도 크게 훼손되었다.

따라서 코로나19를 통해서 명확하게 드러난 우리들의 문제를 바탕으로 '농'을 바로 세우는 일이 무엇보다 중요하다. 생산주의 농업, 녹색혁명형 농업으로 표현되는 산업적 농업이 가진 한계를 극복하는 차원에서 '농'의 복원을 고민해야 한다. 전혀 녹색적이지도 않고, 혁명적이지도 않은 녹색혁명, 더 많은 먹거리 문제를 양산하고, 더 많은 농민들을 농촌에서 몰아내고, 철저히 농민을 배제하는 녹색혁명이 아닌, 생태적 조건을 고려한 영농, 건강하고 좋은 먹거리를 만들어 낼 수 있는 영농, 농민들이 자부심을 갖고 주도할 수 있는 영농으로의 전환이 모색되어야 한다.

이를 위해서는 첫째, 농민이 농민다운 삶을 유지할 수 있는 경제적 기초가 만들어져야 한다. 우선, 농업 소득의 확보가 우선되어야 한다. 농업 소득의 확보는 먹거리의 안정적인 확보와 직결되는 부분이다. 이를 위해서는 농산물, 특히 식량 작물의 생산비가 보장될 수 있도록 가격을 유지하는 정책이 필요하다. 자급률의 목표치를 설정하고, 이를 위한 경지면적의 유지도 함께 다루어져야 한다. 한편, 단작화를 심화시키는 형태의 가격 보장은 또 다른 형태의 생태적 문제를 초래할 수 있으므로 이에 대한 고민이 함께 이루어져야 한다. 코로나19는 역병의 차원을 넘어서 생태계의 위기를 반영한 것이라고 할 때, 생태적 위기를 심화시키는 농업 방식에 대한 고민을 요구하고 있다. 시설 재배는 에너지, 투입재, 노동력 등의 밀도 높은 투입을 요구하는 영농이기에 지속가능한 영농이라고 할 수 없다. 축산의 확대 또한 지구온난화의 원인 중 하나로 지목되기도 하지만, 더욱이 우리나라의 경우에는 축산 사료의 상당 부분을 수입 곡물에 의존하고 있기 때문에 한국 농업의 기형적인 모습의 하나로 지적되고 있기도 하다. 축산의 적정 규모에 대한 논의와 함께 사료의 자급을 활성화할 수 있도록 하는 정책이 요구된다.

둘째, 농민이 수행하는 공익적 역할에 대한 정당한 평가가 이루어져야 한다. 우자와 히로후미(宇沢弘文)가 이야기한 '사회적 공통 자본'으로서의 농촌을 지켜 온 농민에 대한 권리가 보장되어야 한다. 무한 성장의 이데올로기 속에서 농촌은 항상 개발과 수탈의 대상이었을 뿐, 사회적 공통 자본으로서의 농업 · 농촌에 대한 고민은 없었고, 그 결과가 코로나19로 표상되고 있다. 자본주의 사회에서는 이 공익적 역할에 대한 급부가 시장이라는 기구를 통해서는 전달되지 않고, 이로 인해서 이 공익적 역할은 급속하게 파괴된다. 따라서 '농민'의 공익적 역할에 대한 공적인 지원이 이루어져야 한다. 농민 수당, 농가 수당, 농민 기본 소득, 농촌 기본 소득 등 다양한 형태의 명칭으로 명명될 수 있겠지만, 그 구체적인 내용은 코로나19가 주는 교훈을 도시화와 주택문제, 청년 실업 문제, 농촌 내 재생산 구조의 파괴 등을 감안하면 보다 의미 있게 논의될 수 있을 것이다.

그동안 농업과 먹거리를 지배해 온 초국적 농식품 복합체들에게 코로나19는 또 하나의 이윤 창출의 기회로 작동할 가능성도 크다. Monsanto와 Bayer의 합병에서 보듯이, 코로나19를 발생시켰던 생태계 파괴의 주범과 코로나19 치료제의 개발이 한 묶음이 되어 사태를 더욱 심화시키는 악순환의 고리를 만들어 낼 가능성이 크다는 점이다. 산업적 농업을 세계적으로 확산시켜서 치명적인 질병들을 생성, 확산시켜 온 기업들이 아이러니하게도 거대 제약 회사 그룹에 속해 있다(Bayer는 유독성 살충제를 판매하는 농화학 기업이면서 Monsanto와 합병한 종자 회사이다). Monsanto와 Bayer가 꿈꾸는 농민 없는 농업을 성립시키거나, 대중의 건강을 훼손하는 거짓 먹거리 산업이 융성하지 않도록 해야 한다. 자본은 질병을 무기화 하는 데 익숙하기 때문이다.

이런 점에서 식량주권에서 강조하는 "생태적이며 지속가능한 방식으로 생산되고 문화적으로도 적합한 먹거리에 대한 민중의 권리"가 실현될 수 있도록 하는 먹거리 전략을 통해 농민과 소비자의 항상적인 연대와 협력이 가능한 구조를 만들어 내는 것이 중요하다. 세계화로 만들어진 국경을 초월한 '긴밀한 연결'은 '느슨한 연결'로 바꾸고, 이로 인해 봉쇄되었던 지역화로의 길을 새로 만들어 가야 한다. 지역 내 긴밀한 연결을 매개로 지역 간의 연대를 강화해야 코로나19의 충격을 그나마 완화할 수 있을 것이다. 지역 내, 지역 간 촘촘한 연결망을 만들어 내고, 지역의 생태계와 조화를 이룬 영농 방식과 삶의 방식으로 변화시켜 내야 한다. 기존의 관계를 전제로 한다면 진정한 해결책은 나올 수 없다.

또한, 그동안 '공간이 곧 이윤'이 되는 마약에 중독된 개발의 논리에 무너진 농촌을 바로 세우는 일이 중요하다. 농민이 주도하는 영농의 근거지인 농촌이라는 공간은 항상 온갖 다양한 명분과 논리로 포장된 개발 사업으로 파괴됐고, 그것이 코로나19의 출발이었음에도 여전히 '그린(녹색)'으로 포장된 개발 사업이 생태계를 파괴하기 위한 전열을 가다듬고 있다. 산업적 농업 방식을 주도하면서 자신의 이해관계를 관철해 왔던 세력들은 과거의 낡은 방식과 거의 같은 내용을 '포장'만 바꾸어서 해결책이라고 내놓는 것에 익숙하기 때문이다.

코로나19가 무서운 것은 증상이 아직 드러나지 않은 상태에서도 쉽사리 감염된다는 점이다. 기저 질환이 없고 면역력이 강한 사람은 감염이 되더라도 증상이 나타나지 않거나 치명적인 수준으로 가지 않는다는 것이 그나마 다행일 수 있으나, 이것은 역으로 기저 질환을 가진 사람은 그만큼 감염에 노출될 확률이 크다는 것을 보여 주는 것이기도 하다. 그러므로 무엇보다 중요한 것은 면역 체계를 개선하는 일일 것이다. 문제 해결의 관건은 백신이나 치료제가 아니라, 면역력의 증강에 있다고 봐야 할 것이다. 면역력은 정신적인 요인도 영향을 받는다. 장기간의 고립 생활은 면역력 약화의 원인이 된다. 주위와 소통하고 공감하는 평화로운 공생의 삶이 우리의 면역력을 더 높여 줄 것이다. 이와 관련해서 '사회적 거리 두기(social distancing)'가 방역 당국의 입에서 자주 오르내리고 있지만, 사실 역병을 이기는 데 필요한 것은 '물리적 거리 두기'이지, '사회적 거리 두기'가 아니다. 오히려 위기 상황일수록 공동체성을 강화하고, 연대와 협력의 소중함을 확인하는 일이 중요하다.

한국농어민신문 창간 40주년 기념 토론회(2020. 9. 17) 발제문에서 발췌

참고 문헌

제1부

국가인권위원회, 유엔 농민과 농촌에서 일하는 사람들의 권리 선언(A_RES_73_165).

김병태(1982), 『한국농업경제론』, 비봉출판사.

김철규(2008), 「현대 식품체계의 동학과 먹거리 주권」, 『ECO』 12(2).

농림수산식품부, 『농림업주요통계』, 각년판.

마이클 캐롤란, 김철규 외 역(2013). 『먹거리와 농업의 사회학』, 따비.

송원규 · 윤병선(2012), 「세계 농식품체계의 역사적 전개와 먹거리위기」. 『농촌사회』 22(1).

송원규 · 윤병선(2017), 「식량주권의 제도화와 농민권리선언에 관한 고찰」, 『농촌사회』 27(2).

우자와 히루후미, 이병천 옮김(2008), 『사회적 공통자본』, 필맥.

윤병선(2004), 「초국적 농식품 복합체의 농업지배에 관한 고찰」, 『농촌사회』 14(1).

윤병선(2015), 『농업과 먹거리의 정치경제학』, 울력.

윤병선(2015), 「GM을 내세운 바이오메이저이 습격」, 『모심과 살림』 (6).

윤병선(2018), 「농업의 가치와 농민권리」, 한국농촌사회학회 춘계학술발표대회.

윤병선(2017), 「농민권리와 새 헌법」, 농민권리 신장과 헌법개정 국회토론회.

윤병선(2019), 「유엔 농민권리선언의 배경과 의미」, 『녹색평론』(통권168호).
조효제(2013), 「먹거리 인권과 먹거리 주권의 시론적 고찰」, 『민주주의와 인권』 13(2).
칼 마르크스, 김수행 역(1990), 『자본론』, 비봉출판사.
프레드 맥도프 외(편), 윤병선 외 역(2006), 『이윤에 굶주린 자들』, 울력.
한국바이오안전성정보센터(2019), 『2018년 유전자변형생물체관련 주요 통계』.
ETC Group(2011), Who will control the Green Economy.
ETC Group(2018), Blocking the Chain.
ETC Group(2018), Plate Tech Tonics.
FAO(1996), Rome Declaration on World Food Security.
FAO(2014), Family Farmers Feeding the World, Cariong for the Earth (Infographic).
FAO(2019), The State of Food Security and Nutrition in the World.
FAO(2019), United Nations Decade of Family Farming 2019-2028.
La Vía Campesina(1996), The right to produce and access to land. Position of the Via Campesina on food sovereignty presented at the World Food Summit.
La Vía Campesina(2007), Declaration of Nyéléni.
La Vía Campesina(2009), Declaration of Rights of Peasants — Women and Men.
La Vía Campesina(2012), The Reform of The Committee on World Food Security: A New Space for Policies of the World, Opportunities and Limitations.
Oxfam(2011), Growing a Better Future — Food justice in a resource-constrained world.
United Nations Human Rights Council Advisory Committee(2012), Final study of the Human Rights Council Advisory Committee on the

advancement of the rights of peasants and other people working in rural areas (A/HRC/19/75).
Yoon, Byeong-Seon(2006), "Who's Threatening Our Dinner Table," *Monthly Review* 58(6).
Yoon, Byeong-Seon & Wonkyu Song(2018), "Addressing the Agri-food Crisis in Korea: Implications of the Food Sovereignty and the UN Declaration on the Rights of Peasants," *Korea Journal* 58(4),
Eco Watch, 2015. 9. 3.
Mother Nature Network, 2015. 4. 29.
National Law Review, 2015. 6. 2.
Sustainable Pulse, 2015. 7. 15.

제2부

김문희 · 김충현 · 박동규(2019), 『통계로 본 세계 속의 한국농업』, 한국농촌경제연구원.
김정열 · 윤정원 · 윤병선(2015), 「제철꾸러미사업을 통한 농산물의 생산 · 가공 · 소비 활성화 방안」, 『지역을 살리는 농업, 지역이 살리는 농촌』(농업실용연구총서5), 대산농촌재단.
농림축산식품부, 『농림축산식품 주요통계』, 각년판.
송원규(2018), 「한국 신자유주의 농정과 대안농식품 운동에 관한 연구」, 건국대학교 대학원 농식품경제학과 박사학위 청구 논문.
우자와 히루후미, 이병천 옮김(2008), 『사회적 공통자본』, 필맥.
윤병선(2010), 「세계농식품체계와 지역먹거리운동」, 『ECO』, 12(2).
윤병선(2010), 「대안농업운동의 전개과정에 대한 고찰」, 『농촌사회』 20(1).
윤병선(2015), 『농업과 먹거리의 정치경제학』, 울력.
윤병선(2016), 「살농(殺農)의 시대, 희망은 있는가?」, 『녹색평론』 통권 151호.

윤병선(2017),「유기농 3.0과 대안농식품운동」,『산업경제연구』30(2).
윤병선(2017),「도농상생의 먹거리정책, 서울시에 길을 묻다」,『대산농촌문화』(2017년 가을호), 대산농촌재단.
윤병선(2018),「푸드플랜과 친환경농업」, 한국유기농업학회 동계학술발표대회.
윤병선(2019),「농업 · 농촌의 대전환 시대, 농정은 제대로 가고 있나」,『대산농촌문화』(2019년 신년호), 대산농촌재단.
윤병선 · 송원규(2018),「푸드플랜 관점에서 본 서울시의 공공급식정책에 관한 분석」,『산업경제연구』31(3).
윤병선 · 이근행 · 이창한 · 송원규 · 이경태(2018),『도농상생 가치실현을 위한 친환경 학교급식 공급체계 개선방안 — 수도권 지역 공급체계를 중심으로』, 한국친환경자조금관리위원회
최동근(2020),「한국 친환경농업의 전개과정에 관한 비판적 고찰」, 건국대학교 대학원 농식품경제학과 박사학위 청구 논문.
통계청,『농가 및 어가경제조사결과』, 각년판.
FiBL & IFOAM-Organics International(2016), The World of Organic Agriculture 2016.
IFOAM(2015), What is Organic 3.0? (http://www.ifoam.bio/en/what-organic-30).
IFOAM-Organics International(2015), "ORGANIC 3.0 for Truly Sustainable Farming and Consumption," Discussion Paper by Markus Arbenz, David Gould and Christopher Stopes.
Ilieva, R. T.(2016), *Urban food planning: Seeds of transition in the Global North*, New York: Routledge.
John Fagan · Michael Antoniou · Claire Robinson(2014), GMO Myths and Truths — An evidence-based examination of the claims made for the safety and efficacy of genetically modified crops and foods, Earth Open Source.

MASIPAG(2013), Socio-economic Impacts of Genetically Modified Corn in the Philippines.
Milan Urban Food Policy Pact (https://www.milanurbanfoodpolicypact.org/text/),
Niggli, Urs(2014). Sustainability of organic food production: challenges and innovations. Proceedings of the *Nutrition Society* (74).
Niggli, Urs(2015), "Incorporating Agroecology into the Organic Research — An Ongoing Challenge," *Sustainable Agriculture Research* 4(3).
SOAAN(2013), Best Practice Guideline for Agriculture & Value Chains.
Viljoen, André · Johannes S.C. Wiskerke ed.(2015), *Sustainable Food Planing*, Wageningen Academic Publishers.
Yoon, Byeong-Seon, Wonkyu Song, and Hae-jin Lee. 2013. "The struggle for food sovereignty in South Korea." *Monthly Review* 65(1).

찾아보기